U0389193

中等职业教育机械类专业"十三五"规划教材
中等职业教育改革创新教材

模具机械加工与手工制作

主　编　李志江
副主编　许　剑　陈　琛　刘　阳
主　审　胡恒庆　申　波

机械工业出版社

本书介绍了常用模具的机械加工与手工制作方法。主要内容包括模具零件机械加工、模具零件钳加工、典型模具加工与装配等实用技术。

本书在工学结合培养模式下，依据模具职业岗位和企业生产实际，把模具加工制造相关知识进行重组、整合，按照项目教学法进行编写，每个项目下面有若干工作任务，便于教师教，易于学生学。

本书把理论知识与实践技能相互衔接和渗透，精选案例，力求做到简明扼要、图文并茂，在通俗易懂的基础上，有一定的深度和梯度。

本书可作为中等职业学校和技工类院校模具制造与设计、模具维护与保养专业的教材，也可作为高职高专、成人教育和职业培训教材，并可供从事模具制造与设计、模具维护与保养的工程技术人员学习与参考。

为便于教学、本书配套有相关教学资源，凡选用本书作为教材的教师可登录 www.cmpedu.com 网站，注册，免费下载。

图书在版编目（CIP）数据

模具机械加工与手工制作/李志江主编. —北京：机械工业出版社，2016.4

中等职业教育机械类专业"十三五"规划教材　中等职业教育改革创新教材

ISBN 978-7-111-53290-3

Ⅰ.①模…　Ⅱ.①李…　Ⅲ.①模具-金属切削-中等专业学校-教材②模具-装配（机械）-中等专业学校-教材　Ⅳ.①TG76

中国版本图书馆 CIP 数据核字（2016）第 058336 号

机械工业出版社（北京市百万庄大街22号　邮政编码100037）
策划编辑：汪光灿　责任编辑：汪光灿　张丹丹　版式设计：霍永明
责任校对：樊钟英　封面设计：张　静　　　责任印制：乔　宇
北京铭成印刷有限公司印刷
2016年5月第1版第1次印刷
184mm×260mm·12.75印张·310千字
0001—2000 册
标准书号：ISBN 978-7-111-53290-3
定价：29.00 元

凡购本书，如有缺页、倒页、脱页，由本社发行部调换

电话服务　　　　　　　　　　网络服务
服务咨询热线：010-88379833　机 工 官 网：www.cmpbook.com
读者购书热线：010-88379649　机 工 官 博：weibo.com/cmp1952
　　　　　　　　　　　　　　教育服务网：www.cmpedu.com
封面无防伪标均为盗版　　　　金 书 网：www.golden-book.com

中等职业教育机械类专业"十三五"规划教材编委会

主　　任： 于万成

副主任： 于光明　孙明红　刘其伟　王桂莲　汪光灿　张添孝

委　　员（排名不分先后）：

姚建平　柴　华　李志江　苗长兵　李银生　孙秀梅

信玉芬　葛宪金　樊明涛　李　昊　张建起　赵焰平

段接会　陈锡宗　何钻敏　苏　伟　朱红梅　于　水

冯　斌　薛　峰　王　贤　罗建新　高洪辉　安　珂

王寒里　朱来发　王　姬　李宝玲　李　召　余娅梅

张尔薇　朱学明　荆荣霞　许鹏飞　张英臣　张　静

马　超　马永清　张　闯　卓良福

秘　　书： 齐志刚　王佳玮

preface 前言

　　为贯彻落实《国务院关于大力发展职业教育的决定》，加快模具类人才培养，满足模具行业发展和对一线技能型人才的需求，全面保证职业教育教学质量，根据职业教育模具行业技能型紧缺人才培养培训教学方案，针对职业教育特色和教学模式的需要，以及职业学校学生的心理特点和认知规律组织编写了本书。本书以"简明实用"为编写宗旨，适合工学交替的现场工作过程系统化的教学模式。本书体现了以下特点：

　　本书在工学结合培养模式下，依据模具职业岗位和企业生产实际，把模具加工制造相关知识进行重组、整合，按照项目教学法进行编写，体现了当前模具加工制造行业的最新技术。

　　本书在每个项目下面设有若干工作任务，每个项目及任务都相互独立，便于教师教，易于学生学，教师或学生可根据自己的实际情况有选择地进行学习。每个任务设有任务描述、知识目标、能力目标、相关知识、任务实施、任务评价、复习与思考等环节。

　　本书把理论知识与实践技能相互衔接和渗透，精选案例，力求做到简明扼要、图文并茂，在通俗易懂的基础上，有一定的深度和梯度。

　　本书由江苏省徐州技师学院李志江任主编，由许剑、陈琛、刘阳任副主编，许剑编写了项目4，陈琛编写了项目5，刘阳编写了项目2任务1、任务2，其他内容由李志江编写。全书由江苏省徐州技师学院胡恒庆和徐州洛华模具厂申波工程师主审。在编写本书的过程中得到了江苏省徐州技师学院各级领导和广大教师的大力支持，在此表示感谢，在本书编写过程中，参考了大量资料，在此对各位编者一并表示感谢。

　　由于编者水平有限，书中难免存在错误和不妥之处，敬请各位专家和广大读者批评指正，以便再版时改正。

编　者

项目1 模具机械加工概述

在现代机械制造业中，模具行业在国民经济中已占有举足轻重的地位。无论是传统产品的改进还是新产品的研发，都或多或少地依赖于模具的设计与制造，特别是汽车、轻工、电器、仪表、航天等领域更为重要。目前，模具设计、加工制造能力的高低已成为衡量一个国家机械制造水平的重要标志之一，它关系着产品质量和经济效益的提高，直接影响着国民经济中许多行业的发展。

任务1 认识模具机械加工

任务描述

1. 各小组比赛，说出所见到的模具加工制造出的产品。

2. 分组讨论，查阅资料，每小组拟定一份未来模具发展的蓝图。

知识目标

1. 了解模具在国民经济中的重要地位。

2. 熟悉模具的分类及特点。

3. 掌握模具加工制造技术的发展趋势。

能力目标

1. 能够与小组成员团结合作共同完成任务。

2. 会正确查阅资料，收集与处理信息，并形成书面资料。

 相关知识

一、模具在国民经济中的重要地位

我们日常生产、生活中所用到的各种工具和产品（图1-1），大到机床的机身外壳，小到一个螺钉、纽扣以及各种家用电器的外壳，无不与模具有着密切的关系。那么，什么是模具呢？在工业生产中，用各种压力机和装在压力机上的专用工具，采用注射、吹塑、挤出、压铸或锻压成型、冶炼、冲压、拉伸等方法把金属或非金属材料制成所需形状的零件或制品，这种专用工具统称为模具。

采用模具成型方法生产零件，具有优质、高效、省料、低成本等优点，因此模具加工制

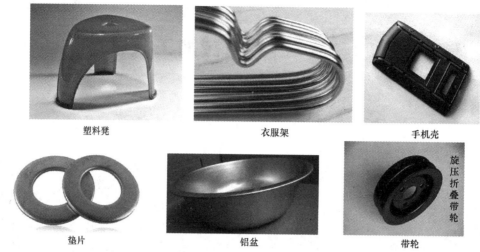

塑料凳　　　　衣服架　　　　手机壳

垫片　　　　铝盆　　　　带轮　　　旋压折叠带轮

图1-1　日常生活中常用的模具产品

造技术在国民经济各个部门得到了极其广泛的应用。据统计，利用模具制造的零件，在汽车、飞机、电机、电器、仪器仪表等机电产品中占70%，在电视机、录音机、计算机等电子产品中占80%以上，在手表、洗衣机、电冰箱等轻工产品中占85%以上。

　　近年来，模具作为一种高附加值和技术密集型产品，其技术水平的高低已成为衡量一个国家制造水平的重要标志之一。世界上许多国家，特别是一些工业发达国家都十分重视模具技术的开发，大力发展模具工业，积极采用先进技术和设备，提高模具制造水平，已取得了显著的经济效益。早在20世纪80年代末，美国模具行业就有12000多个企业，从业人员有170000多人，模具总产值达64.47亿美元。日本模具工业是从1957年开始发展起来的，当年模具总产值仅有106亿日元，到1998年总产值已超过4.88万亿日元，短短的40余年增加了460多倍，这是日本经济能飞速发展并在国际市场上占有一定优势的重要原因之一。

　　纵观世界经济的发展，模具加工制造行业在经济繁荣和经济萧条时代都不可或缺。因此，国内外专家都称现代模具工业是"不衰的工业"。

　　目前，世界模具市场仍供不应求。近几年，世界模具市场总量一直为600~650亿美元，其中美国、日本、法国、瑞士等国一年出口模具约占本国模具总产量的1/3。可见，研究和发展模具技术，提高模具技术水平，对于促进国民经济的发展有着特别重要的意义。模具在日本被誉为"进入富裕社会的原动力"，在德国则冠之为"金属加工业中的帝王"，在罗马尼亚认为"模具就是黄金"，美国工业界认为"模具工业是美国工业的基石"，在欧美其他一些发达国家被称为"磁力工业"。

　　经过多年的建设与努力，我国的模具行业也取得了很大的成就，模具行业在传统市场稳步前进的同时积极开拓新兴市场，甚至是过去被忽略的边缘市场也得到了开发。在LED照明、轨道交通、医疗器械、新能源、航空航天、汽车轻量化等各个领域发展的带动下，我国模具业水平明显得到提高，这些因素使得模具市场开拓成效显著。据统计，我国的模具已出口到170多个国家和地区，可谓战果辉煌。中国模具产业"十二五"发展目标是到2015年总销售额达到1740亿元左右，其中出口模具占15%左右，约合40亿美元。据不完全统计，2013年上半年湖北省模具产量为16388套，增长3.43%；广西模具产量为34344套，增长

6.09%；重庆市模具产量为 7365 套，增长 1.43%；四川省模具产量为 921682 套，增长 19.61%。可以断言，随着科学技术和工业生产的迅速发展，模具工业在我国国民经济发展中将发挥越来越重要的作用。

二、模具制造技术的发展趋势

模具工业的快速发展，对模具制造技术不断提出更高、更新的要求。为了适应工业生产对模具的需求，模具制造过程不断采用新工艺和先进加工设备，不仅改善了模具的加工质量，也提高了模具制造的机械化、自动化程度。同时，CAD/CAM 的应用给模具设计和制造开辟了广阔的前景。

为适应现代社会工业生产产品品种多、更新快、市场竞争激烈，也为了满足用户对模具制造短交货期、高精度、低成本的迫切需求，模具制造技术呈现了如下的发展趋势。

1. 模具制造技术高效、快速、精密化

随着模具制造技术的发展，许多新的制造技术、加工设备不断出现，模具制造的手段也越来越丰富，越来越先进。

伴随着计算机技术、激光成形技术和新材料技术的发展而产生的快速成型制造（RPM）技术是继 NC 技术之后的又一次技术革命。它根据 CAD 模型能够快速完成复杂的三维实体（模型）制造。从模具的概念设计到制造完成，仅为传统加工方法所需的 1/3 时间和 1/4 成本。

近年来发展的高速铣削加工、电火花铣削加工，具有加工效率高、加工精度高、温升低、热变形小、加工制造简单等优点，对汽车、家电行业中大型型腔模具的制造注入了新的活力。未来的模具制造技术将向着更加敏捷化、智能化、集成化方向发展，

2. 模具 CAD/CAM/CAE 广泛应用

模具 CAD/CAM/CAE 技术是模具设计、制造技术发展的一个重要里程碑。目前，世界大型覆盖件生产厂家都已逐步开始采用了先进的 CAD/CAM/CAE 技术，实现了从设计、制造到自动检测的一体化。

我国的模具设计与制造也正朝着数字化方向发展，由于 CAD 的普遍应用，国内外一些通用或专用软件已经得到了比较普遍的应用，特别是模具成型零件方面的软件——Pro/E、UG、Cimatron、Mastencam 等不仅可为 CNC 编程和 CAD/CAE/CAM 集成提供保证，还可以在设计时进行装配干涉的检查，保证设计和工艺的合理性。

3. 模具材料及表面处理技术迅速发展

模具工业要上水平，材料应用是关键。据统计，因选材和用材不当，致使模具过早失效，大约占失效模具的 45% 以上。目前国内外已开发出了许多使用性能好、加工性能好、热处理变形小的新型模具材料，如常用的新型热作模具钢有美国 H13、瑞典 QR080M 等；常用的塑料模具钢有预硬钢（如美国 P20）、热处理硬化型钢（如美国 P2，日本 PD613、PD555，瑞典一胜百 136）等。在模具表面处理方面，其主要趋势是：由渗入单一元素向多元素共渗、复合渗（如 TD 法）发展；由一般扩散向 CVD、PVD、PCVD、离子渗入、离子注入等方向发展；同时热处理手段由大气热处理向真空热处理发展。另外，目前已开始进行激光强化、辉光离子氮化及电镀（刷镀）防腐强化。

4. 模具标准化程度不断提高

为了适应模具生产的需要，缩短模具制造周期，降低制造成本，模具标准化得到了广泛应用，除了反映在标准件厂家有较多增加外，标准件品种也有所扩展。目前我国模具标准件

使用覆盖率已超过40%，国外发达国家一般为90%左右。为了适应模具工业的发展，模具标准化程度还要进一步提高。

5. 快速成型（RPM）技术和快速制模（RT）技术得到普遍应用

由于市场竞争日益激烈，产品更新换代不断加快，快速成型技术和快速制模技术应运而生，并逐渐得到应用。在欧洲市场，快速成型技术和快速制模技术应用较广，有各种专门的成型设备，也有专门提供原型服务的机构和公司。有许多的模具企业是将快速成型技术和快速制模技术结合起来应用，再基于原型快速制造出模具，这是未来模具制造技术发展的方向。在国内也有相当多的企业拥有了大型的高精度三坐标测量仪、快速成型机，运用数字扫描功能快速、准确地把实物复制出来，同时通过实物制造模具进行复制。

三、模具的分类与特点

1. 模具的分类

模具的种类繁多，分类方式也很多，一般按结构形式分为冲模和型腔模两大类，具体分类方式见表1-1。

表1-1　模具的分类

按结构形式	按工艺性质	按工序	定　义
冲模	冲裁模	落料模	将材料的一部分与另一部分分离或变形使用的模具
		冲孔模	
		切边模	
	弯曲模	弯形模	将坯料弯曲成一定形状的模具
		卷边模	
	成形模	整形模	在冲裁、弯曲或拉深的基础上，进一步改变零件局部形状的模具
		缩口模	
		翻边模	
		压印模	
	冷挤压模		将较厚的毛坯材料制成薄壁空心零件的模具
	拉深模		将坯料拉深成开口空心零件或改变空心件形状或尺寸的模具
型腔模	塑料模	注射模	将塑料压制成一定形状制件的模具
		挤压模	
		压缩模	
		吹塑模	
	压铸模		将熔化的有色金属合金浇入压铸机模具型腔中，通过加压制成一定形状零件的模具
	橡皮模		用来成型橡胶类制品的模具
	锻模		将加热坯料放到锻锤的锻模内施加压力，使坯料锻成一定形状的模具
	粉末冶金模		用金属或非金属粉末和金属粉末的混合体经过压制成型、烧结而成制品的模具
	陶瓷模		用陶瓷浆为主要成分，经过裹浆成形等工序，形成与制件外形一致的陶瓷内腔的模具

2. 模具制造的特点

模具生产具有一般机械产品的共性，同时又具有其特殊性。与一般机械产品制造相比，模具制造的难度通常较大。作为一种专用工艺装备，模具生产和工艺有以下几方面特点：

（1）模具形状复杂，要求有高的制造精度和工作表面质量　模具的工作部分一般都是二维或三维的复杂曲面，而不是一般机械加工的简单几何型面，因此模具的形状十分复杂。同时，模具不仅制造质量要求高，而且还要求加工表面质量好。模具的精度主要由制件精度和模具结构要求所决定。模具加工精度主要取决于加工机床精度、加工工艺条件、测量手段和工人的技术水平等。在模具生产中精密的数控加工设备使用越来越多，如平面成形磨床、数控镗铣床、加工中心、数控电火花加工和慢走丝线切割机床、连续轨迹坐标磨床、三坐标测量仪等，加工中还要采用一些特殊的工艺配制方法，以保证加工面间的位置精度和尺寸的一致性。

（2）模具材料的硬度高　因为模具是一种用来进行机械加工的工具，所以要求模具有很高的硬度。模具的重要零件一般都是采用淬火合金工具钢或硬质合金等材料制造的，硬度较高，采用传统的机械加工方法制造比较困难，所以许多模具加工方法有别于一般机械加工。

（3）模具要求有较长的使用寿命　模具一般价格比较贵，模具的加工费用占产品成本的10%～30%。模具的使用寿命将直接影响产品成本的高低，故要求模具应有较长的使用寿命，特别是大批量生产，要保证生产率，模具的使用寿命更为重要。模具的材料及热处理状态、制造精度、工作表面的粗糙度、装配质量等是影响模具寿命的重要因素。尤其是模具工作表面的加工精度和表面质量最重要，因为工作表面质量越好，摩擦磨损越小，模具的使用寿命就越高。

（4）模具要求有较短的制造周期　由于新产品更新换代的加快和市场竞争日趋激烈，要使产品具有市场竞争力，就要求模具生产周期越来越短。提高模具的现代设计水平、新的制造工艺水平、标准化生产水平以及模具的生产管理水平，是缩短制造周期的重要因素。

（5）模具要求有较低的成本　由于模具的成本是产品成本的重要组成部分，要降低产品成本首先要降低模具的制造成本。模具的制造成本与模具结构的复杂程度、模具材料、制造精度及加工方法有关。模具的材料、结构和精度由模具的设计决定，而在制造中必须根据制品要求合理选择加工方法和制定合理的加工工艺，降低加工成本。另外，在满足使用要求的前提下，还应尽量使模具的结构简单、材料便宜、精度够用。

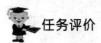 任务评价

任务评分表见表1-2。

表1-2　认识模具机械加工评分表

序号	项目与技术要求	配分	考核标准	得分
1	积极发言，参与小组讨论	50	根据现场情况酌情扣分	
2	认真收集和处理信息，形成书面材料	50	根据现场情况酌情扣分	
3	安全文明学习		根据情况酌情扣分	

复习与思考

1. 简述模具在国民经济中的重要地位。
2. 简述模具加工制造技术的发展趋势。
3. 简述模具的分类方式。
4. 模具制造具有什么特点？

任务2 模具加工工艺规程制定

任务描述

模具厂送来冷挤压凸模的零件图如图1-2所示，需要制定其加工工艺规程。

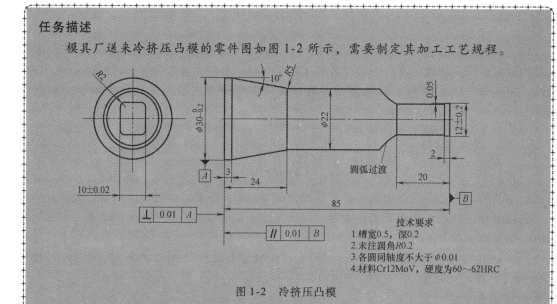

图1-2 冷挤压凸模

知识目标

1. 了解模具的生产过程与工艺规程。
2. 熟悉制定模具工艺规程的原则和所需的原始资料。
3. 掌握模具零件毛坯的选择方法。
4. 掌握定位基准的选择方法。
5. 掌握确定加工余量、工序尺寸及公差的方法。

能力目标

1. 能够独立查阅资料，制定模具零件的工艺路线。
2. 能与同伴合作，正确制定冷挤压凸模的工艺规程。
3. 会确定机床及工艺装备。
4. 会正确填写模具零件的工艺卡片。

 相关知识

用机械加工的方法直接改变毛坯形状、尺寸和力学性能等，使之变为合格零件的过程，称为机械加工工艺过程。模具加工工艺规程就是规定模具零部件机械加工工艺过程和操作方法等的工艺文件。它集中体现了模具生产工艺水平的高低和解决各种工艺问题的方法和手段，所以制定模具加工工艺规程不仅需要深厚的机械制造工艺理论知识，还要有丰富的生产实践经验。

模具虽然也是机械产品，但由于其一般具有生产批量小、零件加工精度高、形状复杂、需要特种加工方法与设备等特点，所以，模具加工工艺规程也具有其特殊性。

一、模具的生产过程与工艺过程

1. 生产过程

将原材料或半成品转变为成品的全过程称为生产过程。生产过程包括产品设计、产品生产准备和技术准备，原材料购置、运输和保存，以及毛坯制造、零件加工、产品装配、销售和服务等一系列工作。生产过程不仅包括直接作用于生产对象上的工作，还包括生产准备工作和生产辅助工作。

2. 工艺过程及其组成

模具零件的机械加工工艺过程由一个或几个按顺序排列的工序组成。

（1）工序　工序是一个或一组工人，在一台机床或一个工作地点对一个或同时对几个工件所连续完成的那一部分工艺过程。

工序是工艺过程的基本单元，也是编制生产计划和进行成本核算的基本依据。

划分工序的主要依据是工作地点是否改变和加工是否连续。这里所说的连续是指该工序的全部工作要不间断地连续完成。

一个工序内容由被加工零件结构的复杂程度、加工要求及生产类型来决定，同样的加工内容，可以有不同的工序安排。例如，加工图 1-3 所示的阶梯轴，当单件加工时，可按表 1-3 划分工序；当加工数量较多时，可按表 1-4 划分工序。

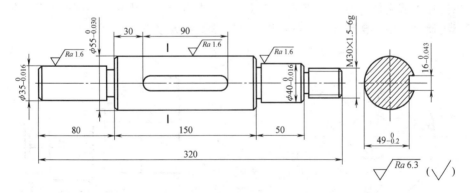

图 1-3　阶梯轴

表 1-3　单件生产阶梯轴的加工工艺过程

工序号	工序名称	工序内容	工作地点
0	毛坯	下料 φ60mm×325mm	锯床
1	车削	车两端面及钻中心孔，车全部外圆，车槽及倒角，外圆留磨削余量，车螺纹	卧式车床
2	热处理	调质 28～32HRC	热处理车间
3	磨削	磨各外圆至图示尺寸要求	外圆磨床
4	铣削	铣键槽，去毛刺	立式铣床
5	检验	按图示要求检验	检验台

表1-4 批量生产阶梯轴的加工工艺过程

工序号	工序名称	工序内容	工作地点
0	毛坯	下料 $\phi60\text{mm}\times325\text{mm}$	锯床
1	车削	车两端面至总长,钻中心孔	中心孔机床
2	车削	车右端三个外圆(两外圆留磨削余量)、车槽及倒角	车床
3	车削	车左端一个外圆(留磨削余量)、车槽及倒角	卧式车床
4	热处理	调质 $28\sim32$HRC	热处理车间
5	钳工	研磨中心孔	钻床
6	磨削	磨外圆 $\phi55_{-0.030}^{0}$mm 至要求	外圆磨床
7	磨削	磨外圆 $\phi40_{-0.016}^{0}$mm 至要求	外圆磨床
8	磨削	磨外圆 $\phi35_{-0.016}^{0}$mm 至要求	外圆磨床
9	铣削	铣键槽	键槽铣床
10	铣削	铣螺纹	螺纹铣床
11	钳工	去毛刺	钳工台
12	检验	按图示尺寸检查	检验台

（2）工步　工步是工序的一部分。它是在加工表面、切削刀具和切削用量都不变的情况下所连续完成的那一部分工序。一个工序可以只有一个工步，也可以包括若干个工步。

一般情况下，上述三个要素中任意改变一个，就认为是不同的工步。但下述两种情况例外。第一种情况，用同一种工具连续加工工件上形状、尺寸完全相同的几个表面时，在工艺过程中习惯视为一个工步。如图1-4所示零件，连续钻 4 个 $\phi15\text{mm}$ 的孔，可视为一个钻孔工步，以简化工艺文件。另一种情况，有时为了提高生产率，用几把不同的刀具，同时加工几个不同表面，如图1-5所示，也可看作一个工步，称为复合工步。

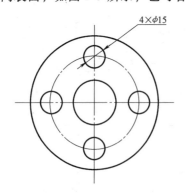

图1-4　含有4个相同加工表面的工步

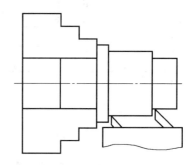

图1-5　复合工步

（3）安装　零件加工前，使其在机床或夹具中相对刀具占据正确位置并给予固定的过程，称为装夹。装夹包括工件定位和夹紧两部分内容。

工件经一次装夹后所完成的那一部分工序称为安装。在一道工序中，工件可能需要装夹一次或多次才能完成加工。如表1-4中的工序1要进行两次装夹：先夹工件一端，车端面，钻中心孔，称为安装1；再掉头车另一端面，钻中心孔，称为安装2。工件在加工中，应尽量减少装夹次数，以减少装夹误差和装夹时间。

（4）工位　为了完成一定的工序内容，一次装夹工件后，工件与夹具或设备的可动部分一起，相对于刀具或设备的固定部分所占据的每个位置称为工位。工位的变换可以借助于夹具的分度机构或机床工作台实现。采用多工位连续加工，可提高生产率和保证被加工表面的相互位置精度。

图1-6所示是一个利用移动工作台或移动夹具，在一次装夹中顺次完成铣端面、钻中心孔两个工位的加工。这样不仅减少了装夹工件所花的时间，而且在一次装夹中加工完毕，避免了重复安装带来的误差，提高了加工精度。

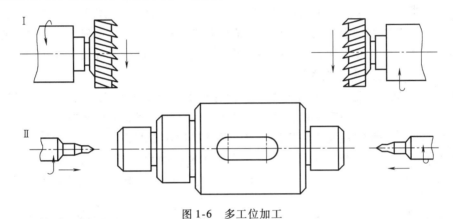

图1-6　多工位加工

（5）走刀　有些工步，由于加工余量较大，需要对同一表面分几次切削，刀具从被加工表面每切下一层金属层即称为一次走刀。每个工步可以包括一次或几次走刀。

3. 生产纲领与生产类型

（1）生产纲领　企业在计划内应生产产品的年生产量称为生产纲领。零件的生产纲领一般可由下式计算：

$$N = Qn(1 + a)(1 + b)$$

式中　N——零件的生产纲领（件/年）；

　　　Q——产品的年产量（台/年）；

　　　n——单台产品生产该零件的数量（件/台）；

　　　a——备品率，以百分数计；

　　　b——废品率，以百分数计。

提示：企业一般根据生产纲领来确定生产类型。

（2）生产类型　生产类型是指企业（或车间、工段、班组、工作地）生产专业化程度的分类。模具制造业的生产类型一般分为单件生产和批量生产两种类型。

1）单件生产。单件生产是指产品的种类较多，数量较少，工作地的加工对象经常改变，且很少重复，如大型模架就属于单件生产。

2）批量生产。批量生产是指产品种类较多，且每种产品有一定的数量，各种产品分批、分期轮番生产，如模具中导柱、导套等属于批量生产。

提示：根据批量生产的大小，批量生产可分为小批量生产、中批量生产和大批量生产。

二、制定模具工艺规程的原则和所需资料

规定产品或零部件制造工艺过程和操作方法等的工艺文件称为工艺规程。简单地说，工艺规程就是生产作业指导书，是生产组织和管理的依据，是新建、扩建工厂或车间的主要技术资料，是指导生产的重要技术文件。

模具的工艺规程可以分为零件的机械加工工艺规程、检验工艺规程和装配工艺规程等，但主要以机械加工工艺规程为主，其他工艺规程按需要而定。工艺规程不是一成不变的，它具有灵活性、先进性和发展性，它根据条件的不断变化可以进行改进和完善。

1. 制定模具工艺规程的基本原则

（1）必须可靠地保证加工出符合图样及所有技术要求的产品或零件　在制定工艺规程时，要充分考虑和采取一切确保产品质量的措施，以全面、可靠和稳定地达到设计图样上所要求的尺寸精度、表面粗糙度值和几何公差以及其他技术要求。

（2）保证最低的生产成本和最高的生产率　在现有的生产条件下，要采用劳动量、原材料和能源消耗最少的工艺方案，从而使生产成本降到最低，使企业获得最佳的经济效益。

（3）保证良好的安全工作条件　在制定工艺规程时，应考虑到尽量减轻工人的劳动强度，尽可能采用机械化和自动化的措施，保障生产安全，创造良好而安全的工作环境。

（4）保证工艺技术的先进性　在制定工艺规程时，要了解国内外本行业工艺技术的发展；在立足于本企业实际条件的基础上，所制定的工艺规程应具有先进性，尽量采用新工艺、新技术和新材料。

2. 制定模具工艺规程所需的原始资料

制定工艺规程所需的原始材料主要有：产品装配图、零件图，产品验收质量标准，产品的生产纲领，毛坯材料与毛坯生产条件，工厂的生产条件（包括机床设备和工艺装备、工人的技术水平、工厂自制工艺装备的能力以及工厂供电、供气的能力等有关资料），工艺规程设计、工艺装备设计所用设计手册和有关标准，国内外先进制造技术资料等。

三、制定模具工艺规程的步骤和形式

1. 制定模具工艺规程的步骤

1）研究模具产品的装配图和零件图，进行工艺分析。

2）由零件生产纲领确定生产类型。

3）确定毛坯的种类、技术要求和制造方法。

4）拟定零件加工工艺路线，主要包括选定工艺基准、确定加工方法、安排加工顺序和确定工序内容。

5）确定各工序的加工余量、计算工序尺寸及其公差。

6）确定各工序的技术要求及检验方法。

7）选择各工序使用的机床设备及刀具、夹具、量具和辅助工具等工艺装备。

8）确定各工序的切削用量及时间定额。

9）填写工艺文件。

提示：在安排模具零件加工顺序时，应遵循先粗后精、先基准后其他、先平面后轴孔的原则，并且工序要适当集中。

2. 模具工艺文件的形式

将工艺规程的内容，填入一定格式的卡片，即成为生产准备和施工依据的技术文件，称为工艺文件。常用的工艺文件有以下两种：

（1）机械加工工艺过程卡片 它是以工序为单位，简要说明产品或零部件的加工过程（包括毛坯制造、机械加工、热处理等）的一种工艺文件。它是生产管理的主要技术文件，也是制定其他工艺文件的基础，主要用于成批生产和单件小批量生产中比较重要的零件。模具零件一般都制定机械加工工艺过程卡片，以作为工艺文件，其格式见表1-5。

表1-5 机械加工工艺过程卡片

××××× 模具厂		机械加工 工艺过程卡片	零件名称		第　　页
			毛坯编号		共　　页
材料牌号	毛坯种类	毛坯尺寸	毛坯状态	质量/kg	数量
工序号	工序名称	工序内容		机床名称	工具　　工时
说明：		工艺制定	工艺审核		日　　期

（2）机械加工工序卡片 它是在工艺过程卡片的基础上按每道工序所编的一种工艺文件，一般具有工序简图，并详细说明该工序每一个工步的加工内容、工艺参数、操作要求以及所用设备和工艺装备等。它是指导加工人员进行生产与帮助车间管理人员和技术人员掌握整个零件加工过程的主要技术文件，主要用于大批量生产中的所有零件、中批量生产中的重要零件和单件小批量生产中的关键工序，其格式见表1-6。

表1-6　机械加工工序卡片

××××× 模具厂	机械加工 工序卡片	产品型号		零部件图号	
		产品名称		零部件名称	
（工序简图）		车间	工段	工序号	工序名称
		设备名称	设备型号	夹具名称	夹具编号
		更改内容			

工步号	工步内容	工艺装备			切削用量			工时定额	
		刀具	量具	辅具	主轴转速 /(r/min)	切削速度 /(mm /min)	背吃刀量 /mm	机动	辅助
编制		抄写		校对		审核		批准	

四、模具零件的工艺分析

模具零件的工艺分析分为零件结构的工艺性分析和零件的技术要求分析。

模具零件结构的工艺性是指所设计的零件在满足使用性能要求的前提下制造的可行性和经济性。当某个零件的结构形状在现有的工艺条件下，既能方便地制造，又有较低的制造成本时，这种零件结构的工艺性就好。模具零件的结构，从形体上进行分析都是由一些基本表面和特殊表面组成的。基本表面包括内、外圆柱面，圆锥面和平面等；特殊表面包括螺旋面、渐开线齿形面和其他一些成形表面。

分析零件结构的工艺性，首先要分析该零件是由哪些表面所组成的，因为零件表面形状是选择加工方法的基本因素。例如，对外圆柱面一般采用车削和磨削进行加工，对内孔则一般采用钻、扩、铰、镗、磨等进行加工。

除了表面形状外，还要分析表面的尺寸大小。例如，直径很小的孔的精加工宜采用铰削，不宜采用磨削。

提示：零件结构工艺性涉及面很广，必须全面综合地加以分析。

表1-7为几种在常规工艺条件下零件结构的工艺性分析实例。

表 1-7　零件结构的工艺性分析

序号	结构的工艺性不好	结构的工艺性好	说　明
1	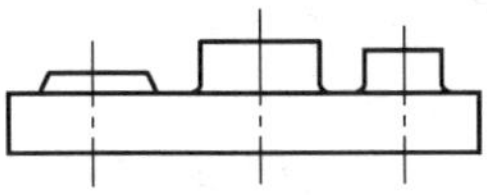	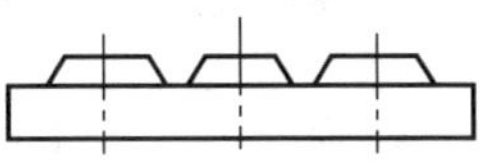	左图所示的凸台加工面不等高,需两次调整刀具,如改为右图,可在一次进给中加工出所有的凸台面
2	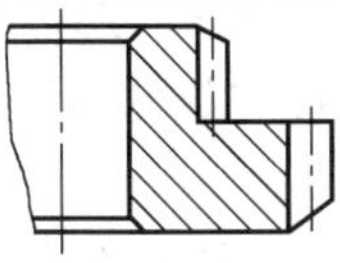	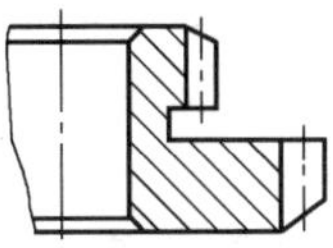	左图所示的双联齿轮,插齿没有退刀槽,小齿轮无法加工。如改为右图,则大齿轮可用滚齿或插齿加工,小齿轮用插齿加工
3	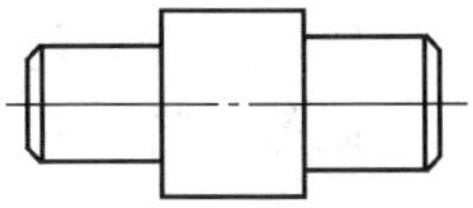	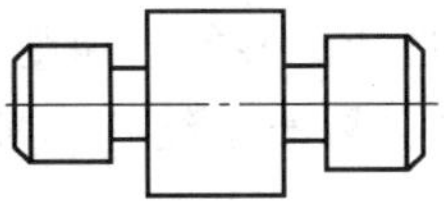	左图所示零件的轴颈在磨削时因砂轮圆角而不能清根。如改为右图增加越程槽后,磨削时就可清根
4	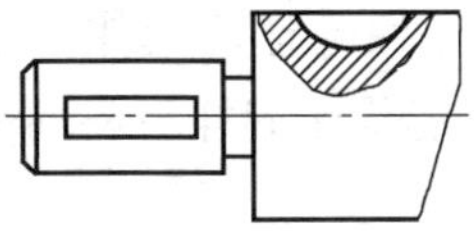	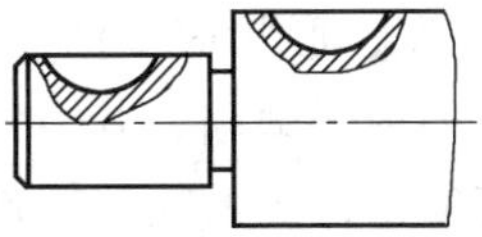	左图所示零件的键槽设置在90°方向上,需两次装夹加工。如改为右图的结构后,可在一次装夹中完成加工,有利于提高位置精度
5	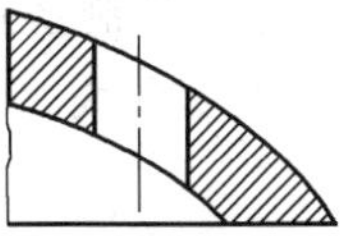	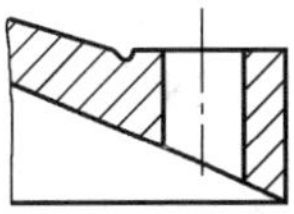	左图所示的结构,因在斜面上钻孔会使钻头偏斜或折断。只要结构允许,改为右图留出平台,使孔的轴线与平面垂直,就可直接钻孔
6	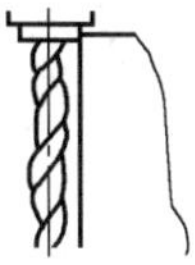	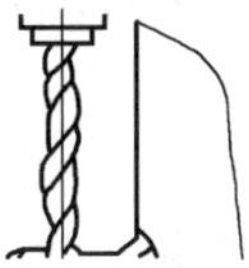	左图所示的箱体结构,孔距离箱体壁太近而无法加工。如改为右图的结构,加长箱耳则能顺利地进行钻孔
7	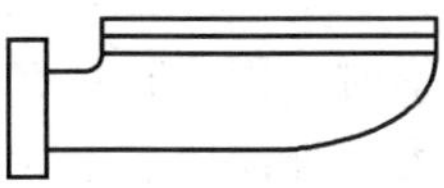	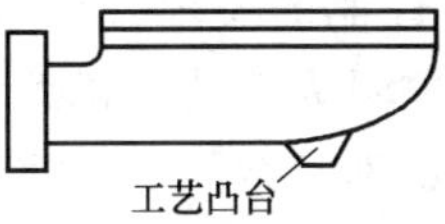 工艺凸台	左图所示机床床身,在加工上平面时定位困难。如改为右图结构,增加工艺凸台,则能很容易地定位,满足加工要求。加工后再切除凸台
8	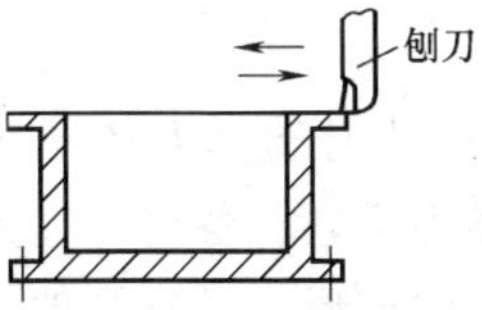 刨刀	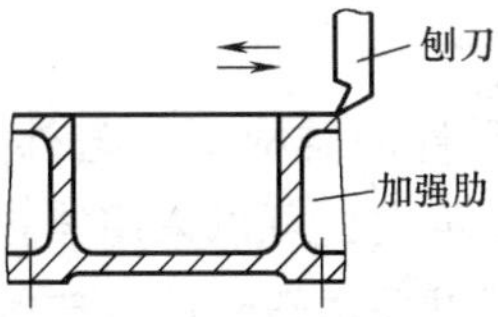 刨刀 加强肋	左图所示零件的结构刚性较差,零件因受刨刀切削时的冲击易产生变形。如改为右图增加加强肋后,提高了零件的刚性
9	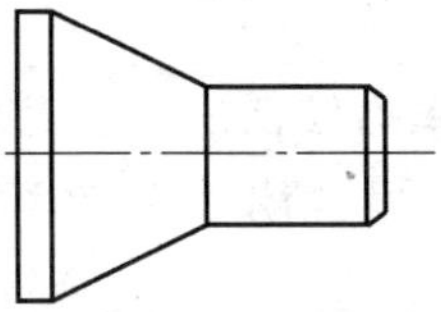	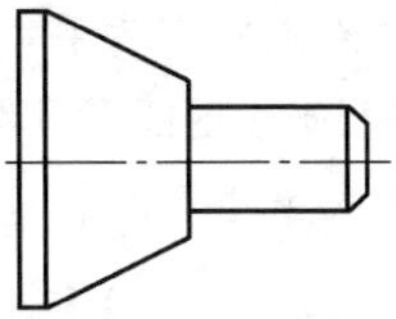	左图所示的结构在加工圆锥面时,易碰伤圆柱面,且不能清根。如改为右图结构,则能顺利地对锥面进行加工
10	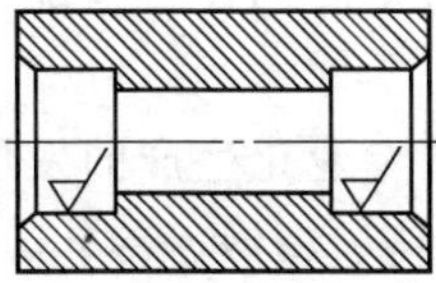	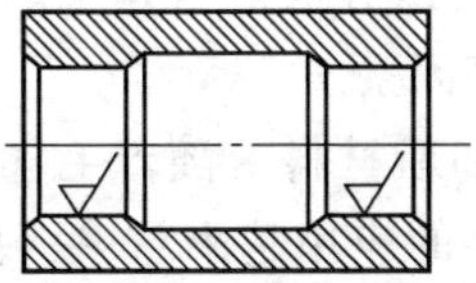	左图所示的轴套零件,需分别从两端进行加工,不能满足较高的同轴度要求。如改为右图结构,则可一次装夹加工两孔,保证其位置精度

五、模具零件毛坯的选择

模具零件的毛坯选择是否合理，对于模具零件加工的工艺性、模具的质量及寿命、加工的经济性等都有很大影响。所以在确定模具零件的毛坯时，要全方位综合考虑。

1. 毛坯的种类

模具零件所用的毛坯种类主要有型材、铸件、锻件、焊接件、冲压件和冷挤压件等。

（1）型材 型材是指钢、有色金属或塑料等通过轧制、拉拔、挤压等方式生产出来的，沿长度方向横截面不变的材料，如圆钢、角钢、板料等。型材有冷拉和热轧两种。选用型材作为毛坯材料加工简便，制作周期短，成本低。

（2）铸件 铸件适合制作形状复杂的模具零件毛坯，尤其是采用其他方法难以成形的复杂件毛坯。铸铁的优点是具有良好的铸造成型性能、切削性能、耐磨与润滑性能，并具有一定的强度，价格低廉。缺点是内部组织容易产生缩孔、裂纹、砂眼等缺陷，不能承受重载荷。

（3）锻件 锻件适合制作要求强度较高、形状简单的模具零件毛坯。锻件由于塑性变形的结果，内部晶粒较细，没有铸造毛坯的内部缺陷，其力学性能优于同样材料的铸件。但采用锻造方法很难得到形状复杂特别是有复杂内腔的模具零件。

（4）焊接件 焊接件适于单件小批量生产中制造大型毛坯，其优点是制造简便，周期短，毛坯质量轻；缺点是焊接件抗振性差，由于内应力重新分布引起的变形大，因此，在进行机械加工前需经时效处理。

（5）冲压件 冲压件的尺寸精度高，可以不再进行加工或只进行精加工，生产率高，适于批量较大而零件厚度较小的中小型零件。

2. 毛坯的选择

影响毛坯的因素很多，选择毛坯时应综合考虑以下几方面的因素：

（1）零件材料对加工工艺性能和力学性能的要求 一般零件材料一经选定，毛坯的种类和工艺方法也就基本确定了。例如，当材料为铸铁、青铜、铸铝时，因为其具有良好的铸造性能，应选择铸件毛坯；尺寸较小、形状不复杂的钢质零件，力学性能要求不太高时，可以直接采用型材作为毛坯；而重要的钢质零件，为了保证有足够的力学性能，应该选择锻件毛坯。

（2）零件的结构形状与外形尺寸 零件的结构形状与外形尺寸对选择毛坯同样有重要影响。对于阶梯轴，如果各台阶直径相差不大，可以采用棒料作为毛坯；各台阶直径相差很大时，则采用锻件作为毛坯。套类零件可以采用轧制或铸造等方法成形。模座零件一般以铸铁件作为毛坯，承受较大载荷的箱体可以用铸钢件作为毛坯。

（3）生产类型 单件小批量生产时，应选毛坯精度和生产率均较低的一般毛坯制造方法，如自由锻和手工木模造型等方法。大批大量生产时，应选用毛坯精度和生产率都高的先进的毛坯制造方法。

（4）生产条件 选择毛坯的种类和制造方法应考虑毛坯制造车间的设备情况、工艺水平和工人技术水平及外协加工的可能性等因素。

（5）充分考虑利用新工艺、新技术和新材料 随着毛坯制造专业化生产的发展，目前毛坯制造方面的新工艺、新技术和新材料的应用越来越多，如精铸、精锻、冷轧、冷挤压、粉末冶金和工程塑料的应用日益广泛，这些方法可大大减少机械加工量，节约材料，有着十分显著的经济效益。

六、定位基准的选择

定位基准对制定零件的加工工艺规程有着重要的意义，它不仅影响零件加工的位置精度，而且对零件各表面的加工顺序也有很大影响。

1. 基准的概念和种类

基准是在零件图上或实际的零件上，用来确定其他点、线、面位置所依据的那些点、线、面。基准按其功用不同可分为设计基准和工艺基准。

（1）设计基准　在零件图上用来确定其他点、线、面位置的基准，称为设计基准。图1-7所示为轴套零件，轴线 $O—O$ 是外圆和内孔的设计基准。端面 A 是端面 B、C 的设计基准，内孔 $\phi20H7$ 的轴心线是 $\phi40h6$ 外圆柱面径向圆跳动和端面 B 轴向圆跳动的设计基准。

（2）工艺基准　在加工、测量和装配过程中使用的基准，称为工艺基准。工艺基准按用途不同可分为工序基准、定位基准、测量基准和装配基准。

1）工序基准。在工序图上用来确定本工序被加工表面加工后的尺寸、形状、位置的基准称为工序基准。如图1-8a所示，设计图中键槽底面位置尺寸 S 的设计基准是轴心线 O，由于工艺上的需要，在铣键槽工序中，键槽底面的位置尺寸按工序图1-8b标注，轴套外圆柱面的最低母线 B 为工序基准。

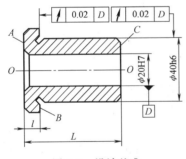

图1-7　设计基准

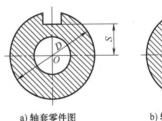

a) 轴套零件图　　　b) 轴套铣键槽工序图

图1-8　工序基准

2）定位基准。在加工时，为了使零件相对于机床和刀具占据正确位置（即将零件定位）所使用的基准称为定位基准。如图1-7所示的零件，套在心轴上磨削 $\phi40h6$ 外圆柱面时，内孔 $\phi20H7$ 的轴心线就是定位基准。

3）测量基准。检验零件时，用来测量加工表面位置和尺寸所使用的基准称为测量基准。如图1-7所示，检验 $\phi40h6$ 外圆柱面径向圆跳动和端面 B 轴向圆跳动时，将零件套在检验心轴上，这时内孔 $\phi20H7$ 的轴心线就是测量基准。

4）装配基准。装配时用来确定零件或部件在产品中的相对位置所采用的基准称为装配基准。如图1-9所示的零件，底面 D 是装配基准。

2. 定位基准的选择

定位基准包括粗基准和精基准。在机械加工的最初一道工序中，只能用零件毛坯上未经加工的表面作为定位基准，这种定位基准称为粗基

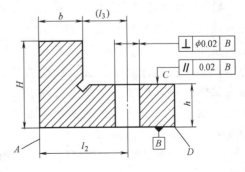

图1-9　装配基准

准；用已经加工过的表面作为定位基准则称为精基准。合理地选择定位基准，对于保证加工精度和确定加工顺序都有决定性的影响。

（1）粗基准的选择　选择粗基准主要应考虑两个问题，一是如何保证各加工表面都有足够的加工余量，二是非加工表面的尺寸、位置均应符合图样要求。

粗基准一般只用一次。模具零件的粗基准应选择光滑平整、面积较大的表面（定位、夹紧可靠），精度要求高、比较重要的表面（后续工序容易保证其要求），以及余量较小的表面（保证该面后续加工余量）。

（2）精基准的选择　精基准的选择对加工精度的影响较大，选择时一般应遵循下列原则：

1）基准重合原则。尽可能选择加工表面的设计基准作为定位基准，避免因为基准不重合而造成的定位误差，这一原则称为基准重合原则。图 1-10 所示的凸凹模，两凹模孔前后位置的设计基准为 A 面，镗孔时，应以 A 面和一个端面为定位基准，而非 B 面，以便更好保证尺寸 46 ± 0.02 的定位。

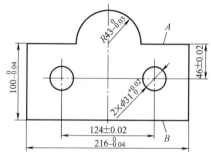

图 1-10　凸凹模加工的定位基准

2）基准统一原则。当零件以某一组精基准定位，可以比较方便地加工其他各表面时，应尽可能在多数工序中采用同一组精基准定位，这一原则称为基准统一原则。采用基准统一原则，不仅可以避免因为基准变换而引起的定位误差，而且在一次装夹中能够加工出较多的表面，既便于保证各加工表面间的位置精度，又有利于提高生产率。例如，轴类零件在大多数工序中都采用中心孔为定位基准，箱体类零件常采用"一面两孔"作为定位基准。

3）自为基准原则。某些精加工或光整加工工序要求加工余量小而均匀，这时应尽可能用加工表面自身为精基准，这一原则称为自为基准原则。例如，磨削床身导轨面时可先用百分表找正导轨面，然后进行磨削，这样可以获得小而均匀的余量，如图 1-11 所示，这时导轨面就是定位基准面。

4）互为基准原则。两个被加工表面之间位置精度较高，要求加工余量小而均匀时，多以两表面互

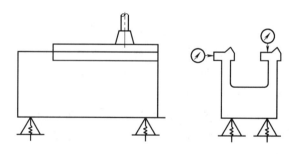

图 1-11　自为基准原则实例

为基准，反复进行加工，这一原则称为互为基准原则。例如，车床主轴前后支承轴颈与主轴锥孔间有严格的同轴度要求，常先以主轴锥孔为基准磨削主轴前、后支承轴颈表面，然后再以前、后支承轴颈表面为基准磨削主轴锥孔，最后达到图样上规定的同轴度要求。

5）便于装夹原则。所选定位基准应能使工件定位稳定，夹紧可靠，操作方便，夹具结构简单。

提示：工件上的定位基准，有时为了使基准统一或定位可靠、操作方便，可人为地制造一种辅助基准面，如中心孔、工艺凸台等。

七、零件工艺路线的拟定

工艺路线的拟定是工艺过程的总体布局，是设计工艺规程最为关键的一步。在制定机械加工工艺规程时，首先应拟定零件加工的工艺路线。

1. 加工方法和加工方案的选择

（1）表面加工方法的选择　零件的形状尽管多种多样，但它们都是由多种简单的几何表面所组成的。每一种几何表面，都有一系列加工方法与之相对应。不同的加工方法，所能达到的精度和表面粗糙度值是不一样的。即使是同一种加工方法，在不同的加工条件下所得到的精度和表面粗糙度值也大不一样，这是因为在加工过程中，将有各种因素（如工人的技术水平、切削用量、刀具的刃磨质量、机床的调整质量等）对精度和表面粗糙度值产生影响。表1-8～表1-10分别列出了外圆、内孔和平面的几种加工方案，可供参考。

表 1-8　外圆表面加工方案

序号	加 工 方 案	经济公差等级	经济表面粗糙度 Ra 值/μm	适 用 范 围
1	粗车	IT11 以下	50 ~ 12.5	适用于淬火钢以外的各种金属
2	粗车-半精车	IT10 ~ IT8	6.3 ~ 3.2	
3	粗车-半精车-精车	IT8 ~ IT7	1.6 ~ 0.8	
4	粗车-半精车-精车-滚压（或抛光）	IT8 ~ IT7	0.2 ~ 0.025	
5	粗车-半精车-磨削	IT8 ~ IT7	0.8 ~ 0.4	主要用于淬火钢，也可用于未淬火钢，但不宜加工有色金属
6	精车-半精车-粗磨-精磨	IT7 ~ IT6	0.4 ~ 0.1	
7	粗车-半精车-粗磨-精磨-超精加工（或轮式超精磨）	IT5	0.1 ~ Rz0.1	
8	粗车-半精车-精车-金刚石车	IT7 ~ IT6	0.4 ~ 0.025	主要用于要求较高的有色金属加工
9	粗车-半精车-粗磨-精磨-超精磨或镜面磨	IT5 以上	0.025 ~ Rz0.05	用于要求极高精度的外圆加工
10	粗车-半精车-粗磨-精磨-研磨	IT5 以上	0.1 ~ Rz0.05	

表 1-9　内孔加工方案

序号	加 工 方 案	经济公差等级	经济表面粗糙度 Ra 值/μm	适 用 范 围
1	钻	IT12 ~ IT11	12.5	加工未淬火钢及铸铁的实心毛坯，也可用于加工有色金属（但表面粗糙度值稍大，孔径小于20mm）
2	钻-铰	IT9	3.2 ~ 1.6	
3	钻-铰-精铰	IT8 ~ IT7	1.6 ~ 0.8	
4	钻-扩	IT11 ~ IT10	12.5 ~ 6.3	同上，但孔径大于20mm
5	钻-扩-铰	IT9 ~ IT8	3.2 ~ 1.6	
6	钻-扩-粗铰-精铰	IT7	1.6 ~ 0.8	
7	钻-扩-机铰-手铰	IT7 ~ IT6	0.4 ~ 0.1	

（续）

序号	加 工 方 案	经济公差等级	经济表面粗糙度 Ra 值/μm	适 用 范 围
8	钻-扩-拉	IT9 ~ IT7	1.6 ~ 0.1	大批量生产（精度由拉刀的精度而定）
9	粗镗（或扩孔）	IT12 ~ IT11	12.5 ~ 6.3	除淬火钢以外的各种材料，毛坯有铸出孔或锻出孔
10	粗镗（粗扩）-精镗（精扩）	IT9 ~ IT8	3.2 ~ 1.6	
11	粗镗（扩）-半精镗（精扩）-精镗（铰）	IT8 ~ IT7	1.6 ~ 0.8	
12	粗镗（扩）-半粗镗（精扩）-精镗-浮动镗刀精镗	IT7 ~ IT6	0.8 ~ 0.4	
13	粗镗（扩）-半精镗-磨孔	IT8 ~ IT7	0.8 ~ 0.2	主要用于淬火钢，也可用于未淬火钢，但不宜用于有色金属
14	粗镗（扩）-半精镗-粗磨-精磨	IT7 ~ IT6	0.2 ~ 0.1	
15	粗镗-半精镗-精镗-金刚镗	IT7 ~ IT6	0.4 ~ 0.05	主要用于精度要求高的有色金属加工
16	钻-（扩）-粗铰-精铰-珩磨；钻-（扩）-拉-珩磨；粗镗-半精镗-精镗-珩磨	IT7 ~ IT6	0.2 ~ 0.025	用于精度要求很高的孔
17	以研磨代替上述方案中的珩磨	IT6 以上		

表 1-10　平面加工方案

序号	加 工 方 案	经济公差等级	经济表面粗糙度 Ra 值/μm	适 用 范 围
1	粗车-半精车	IT9	6.3 ~ 3.2	端面
2	粗车-半精车-精车	IT8 ~ IT7	1.6 ~ 0.8	
3	粗车-半精车-磨削	IT9 ~ IT8	0.8 ~ 0.2	
4	粗刨（或粗铣）-精刨（或精铣）	IT9 ~ IT8	6.3 ~ 1.6	一般不淬硬平面（端铣表面粗糙度值较小）
5	粗刨（或粗铣）-精刨（或精铣）-刮研	IT7 ~ IT6	0.8 ~ 0.1	精度要求较高的不淬硬平面；批量较大时，宜采用宽刀精刨方案
6	以宽刀刨削代替上述方案中的刮研	IT7	0.8 ~ 0.2	
7	粗刨（或粗铣）-精刨（或精铣）-磨削	IT7	0.8 ~ 0.2	精度要求高的淬硬平面或不淬硬平面
8	粗刨（或粗铣）-精刨（或精铣）-粗磨-精磨	IT7 ~ IT6	0.4 ~ 0.02	
9	粗铣-拉削	IT9 ~ IT7	0.8 ~ 0.2	大量生产，较小的平面（精度视拉刀精度而定）
10	粗铣-精铣-磨削-研磨	IT6 以上	0.1 ~ Rz0.05	高精度平面

（2）选择表面加工方案时考虑的问题

1）根据加工表面的技术要求，确定加工方法和加工方案。一般总是首先根据零件主要表面的技术要求和工厂的具体条件，先选定它的最终加工方法，然后再逐一选定各有关工序的加工方法。

2）考虑工件的材料。零件材料的可加工性对加工方法的选择也有影响。如有色金属就不宜采用磨削方法进行精加工，而淬火钢的精加工就需采用磨削加工的方法。

3）考虑生产率和经济性问题。大批量生产时，应选用高效率的加工方法，采用专用设备。例如，可用铣削和磨削组合的方法同时加工几个表面，用数控机床加工复杂表面等。

4）考虑本厂的现有设备和生产条件。应充分利用本厂现有设备、工艺装备和具体条件，挖掘企业潜力，发挥工人和技术人员的积极性和创造性。

2. 加工阶段的划分

所谓划分加工阶段，就是把整个工艺过程划分成几个阶段，做到粗、精加工分开进行。模具的机械加工工艺过程一般可以划分为以下几个阶段：

1）粗加工阶段。该阶段的主要任务是切除加工表面上的大部分余量，使毛坯的形状和尺寸尽量接近成品。

2）半精加工阶段。该阶段的主要任务是使主要表面消除粗加工留下的误差，为精加工做好必要的精度准备和余量准备；完成次要表面的终加工，例如钻孔、攻螺纹、铣键槽等。

3）精加工阶段。该阶段的主要任务是保证各主要表面达到图样规定的技术要求。

4）光整加工阶段。对于尺寸精度要求特别高和表面粗糙度值要求小的表面，要安排光整加工。该阶段的主要任务是提高被加工表面的尺寸精度和减小表面粗糙度值，但一般不能纠正形状误差和位置误差。

> 提示：划分加工阶段并不是绝对的。对于刚性好、加工精度要求不高或余量不大的工件，就没有必要划分加工阶段。有些精度要求高的重型件，由于运输安装费时费工，一般在一次装夹下完成全部粗、精加工任务。

3. 工序的集中与分散

工序集中就是零件的加工集中在少数工序内完成，而每道工序的加工内容相对较多；工序分散则相反，整个工艺过程中工序数量多，而每道工序的加工内容则比较少。

（1）工序集中的特点

1）工序数目少、设备数量少，可相应减少操作工人人数和生产面积。

2）工件装夹次数少，不仅缩短了辅助时间，而且在一次装夹下能加工较多的表面，也容易保证加工表面的相对位置精度。

3）有利于采用高效率的专用机床和工艺装备，从而提高生产率。

4）由于采用比较复杂的专用设备和专用工艺装备，因此生产准备工作量大，调整费时，对产品更新的适应性差。

（2）工序分散的特点

1）机床、刀具、夹具等结构简单，调整方便，对工人的技术水平要求较低。

2）可采用最有利的切削用量，减少机动时间。

3）生产准备工作量小，改变生产对象容易，生产适应性好。

> 提示：工序集中和分散各有其特点，必须根据生产类型、工厂的设备条件、零件的结构特点和技术要求等具体生产条件确定。

4. 加工工序的安排

（1）机械加工工序的安排

1）基准先行。模具零件加工一般先从精基准的加工开始，再以精基准定位加工其他表面。

2）先粗后精。整个零件的加工顺序，应是粗加工工序在前，相继为半精加工、精加工及光整加工工序。

3）先主后次。先加工零件主要工作表面及装配基准面，然后加工次要表面。

4）先面后孔。对于箱体、支架等类型零件，平面的轮廓尺寸较大，用它定位比较稳定，因此应选平面作为精基准，先加工平面，然后以平面定位加工孔，这样有利于保证孔的加工精度。

（2）热处理工序的安排　模具零件一般按照热处理的目的不同，分为预备热处理和最终热处理两大类。

1）预备热处理。预备热处理包括退火、正火、时效和调质处理等，其目的是改善加工性能，消除内应力和为最终热处理做好组织准备。一般多安排在粗加工前后。

退火和正火是为了改善切削加工性能和消除毛坯的内应力，常安排在毛坯制造之后、粗加工之前进行。调质处理即淬火后的高温回火，能获得均匀细致的组织，为以后表面淬火和渗氮做组织准备，所以调质处理可作为预备热处理，常置于粗加工之后进行。

时效处理主要用于消除毛坯制造和机械加工中产生的内应力，最好安排在粗加工之后进行。对于加工精度要求不高的工件，可放在粗加工之前进行。除铸件外，对一些刚性差的精密零件，为消除加工中产生的内应力，稳定零件的加工精度，在粗加工、半精加工和精加工之间可安排多次时效处理。

调质是在淬火后进行高温回火处理，它能获得均匀细致的回火索氏体组织，为以后的表面淬火和渗氮处理时减少变形做准备。

2）最终热处理。最终热处理的目的是提高硬度、耐磨性和强度等力学性能。

淬火处理有表面淬火和渗碳淬火。表面淬火因为变形、氧化及脱碳较小而应用较广。

渗碳淬火常用于处理低碳钢和低碳合金钢，目的是使零件表层增加含碳量，淬火后使表层硬度增加，而心部仍保持其较高的韧性，渗碳淬火有局部渗碳淬火及整体渗碳淬火之分。

（3）辅助工序的安排　辅助工序包括工件的检验、去毛刺、平衡及清洗工序等，其中检验工序对保证产品质量有极为重要的作用。

八、加工余量、工序尺寸及公差的确定

1. 加工余量的确定

在机械加工中，必须合理地确定加工余量，这对于提高产品质量和降低生产成本都有十分重要的意义。加工余量过大，不但浪费材料，而且增加了切削工时，增大刀具和机床的磨损，从而降低了生产率，增加了产品的成本；加工余量过小，会使零件表面加工困难，容易造成废品，从而增加产品的成本。

加工余量的确定方法有以下几种：

1）分析计算法。这种方法以一定的实验数据资料和计算公式为依据，对影响加工余量的诸因素进行逐项的分析计算，以确定加工余量的大小。这种方法比较科学，但需要积累准确、可靠的数据，且计算过程较复杂，所以目前很少应用，仅在贵重材料及某些大批量生产中采用。

2）经验估计法。这种方法是依靠经验采用类比法估算确定加工余量的大小。但是在实际使用中，为了防止余量不够而出现废品，余量选择都偏大，所以这种方法一般用于单件小批量生产。

3）查表修正法。这种方法是以有关工艺手册和资料所推荐的加工余量为基础，结合实际加工情况进行修正，以确定加工余量的大小。这种方法比较实用，应用最广。

2. 工序尺寸及公差的确定

工序尺寸及其公差的确定除了与加工余量的大小有关之外，还与工序基准的选择有密切关系。

在机械加工过程中，当工序基准与设计基准重合时，工序尺寸及其公差的确定方法有两种：一是当工序基准与设计基准重合时，被加工表面最终工序的尺寸及公差一般可以直接按零件图样规定的尺寸和公差确定。中间各道工序的尺寸则按零件图样规定的尺寸依次加上（对于外表面）或减去（对于内表面）各道工序的加工余量求得。计算的顺序是由后向前推算，直到毛坯尺寸。二是根据加工方法、加工精度和经济性确定，一般按该工序加工方法的经济加工精度选定（可以从机械加工手册中查得）。

九、机床与工艺装备的选择

在制定机械加工工艺规程中正确选择工艺装备与机床，对保证零件的加工质量和提高生产率有着直接的影响。

1. 刀具的选择

刀具的选择主要取决于所确定的加工方法、零件材料，所要求的加工精度、生产率和经济性、机床类型等。一般应尽量采用标准刀具，必要时也可以采用各种高生产率的复合刀具和专用刀具。

2. 夹具的选择

在大批量生产的情况下，应广泛使用专用夹具。单件小批量生产中应尽量选用通用夹具，如各种卡盘、平口钳、回转台等。非标准件的模具零件大都属于单件小批量生产，但对于某些结构复杂、精度很高的模具零件，也应使用专用夹具，以保证其技术要求。

3. 量具的选择

量具的选择主要根据检验要求的准确度和生产类型来决定。单件小批量生产中应尽量选用通用夹具，如游标卡尺、百分表等；大批量生产中应采用极限量规和量仪等。量具的精度必须与加工精度相适应。

4. 机床的选择

选用机床时应注意以下几点：一是机床的精度应与所加工零件要求的精度相适应；二是机床的主要规格尺寸应与所加工零件的尺寸大小相适应；三是机床的生产率应与所加工零件的生产类型相适应，单件小批量生产时选择通用机床，大批量生产时选择高生产率的专用机床；四是选择机床应结合现有的实际情况，例如现有机床的类型、规格、实际精度、负荷情况以及机床的分布排列情况等。

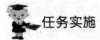 **任务实施**

十、制定凸模零件的机械加工工艺规程

1. 凸模零件的工艺分析

如图1-2冷挤压凸模零件所示，工作时，凸模承受很大的压力，而凹模承受很大的张力，其单位压力甚至可达到制件毛坯强度极限的 4~6 倍。

由于挤压时金属在型腔内流动，使凸模和凹模的工作面都要承受剧烈的摩擦。这种摩擦及金属被挤压导致材料的剧烈变形均会产生热量，模具表面的瞬时温度甚至可达 200~300℃，因此要求冷挤压凸模在长期工作时不得出现折断和弯曲疲劳断裂，凸模零件表面还要有较高的耐磨性。

凸模材料采用 Cr12MoV，热处理硬度 60~62HRC，Cr12MoV 材料具有高耐磨性、淬透性、高热稳定性、高的抗压强度，缺点是原型材的共晶碳化物偏析严重，可通过充分的"改锻"才能发挥材料的性能。

零件的形状为细长杆件，为增强零件的刚度，在工作段之后的轴段直径逐渐加大，且各轴段连接处均采用圆弧过渡。为增强凸模的承力面，固定端采用锥形。模具工作表面比较短，可减小被挤压材料与凸模的摩擦，同时要求凸模工作表面粗糙度值较小。

零件毛坯采用锻件，通过"改锻"来改善原材料中共晶碳化物偏析和网状碳化物状态，采用"多向微拔法"以充分发挥材料的性能，并且在锻造之后进行碳化物偏析检验和晶粒度检查。

为了便于加工和测量，在大端增加工艺尾柄，各轴段外表面尽量在一次装夹中或用同一基准装夹进行加工，尽可能避免基准的转换，以保证工作端和固定端的位置精度要求。各主要表面在热处理后进行精密磨削加工和抛光，以达到表面粗糙度数值。在各阶段加工中，各过渡部分需要圆弧过渡，并且不留粗加工刀痕和磨削裂纹，以保证凸模工作寿命。

提示：解决凸模的刚度、强度、耐疲劳性和高寿命是冷挤压凸模工艺分析的重点。

2. 凸模零件的工艺方案

一般挤压凸模的工艺方案为：备料→锻造→等温退火→车、铣→淬火及回火→磨削→检验→工具磨切夹头及顶台→时效处理→研磨及抛光。

挤压凸模的工艺流程比较简单，但各工序必须要有严格详细的施工说明，以保证挤压模具的质量要求。如锻造时应根据不同材料和要求制定及执行预热→加热→始锻→终锻的温度、时间以及微拔次数等技术规范；经锻压后的锻件还需放入干燥的石灰粉中冷却，以防冷却速度过快。冷挤压凸模材料主要是含碳量较高的共析钢和过共析钢，所以锻造后常采用等温球化退火，其目的是降低硬度、改善加工性能、细化组织、减少工件变形和开裂，并为最终热处理打好基础。等温球化退火比完全退火周期更短、效率更高。

由于凸模前端面是工作表面，需保持其完整性，故在车削加工时应留顶台并在顶台处加工中心孔。中心孔是后续工序的定位基准，凸模成品检验合格后方能切掉顶台并对前端面进行磨削加工。最后检验全长尺寸和外观形状。

在粗车时，对尾部带有夹具锥体的凸模，由于后续工序需要进行铣削和外圆磨削等，在其尾端应留出装夹部位，即所谓"留夹头并钻中心孔"。夹头也应在成品检验后切掉并对端面进行磨削。

最终热处理多采用高温盐浴炉进行加热后在油介质中进行淬火，可使防止脱碳和氧化的效果更好。

在精磨中要针对凸模材质选择适宜的砂轮，磨削过程中要合理选择切削用量，并进行充分冷却，对砂轮要及时修整以保持其锋利，否则会使模具表面形成磨削应力，产生裂纹、烧伤、退火、脆裂及早期失效等现象。故模具磨削后应在260~315℃低温下进行除应力处理。

为提高模具寿命，提高研磨抛光质量非常重要，其工作表面不应有刀痕、磨痕，研磨抛光方向应与模具受力方向平行，方形、六角形或其他异形凸模尖角处应圆滑过渡，防止应力集中。

具体凸模零件加工工艺过程见表1-11。

表1-11　凸模零件加工工艺过程

序号	工序名称	工序主要内容
1	下料	锯床下料，$\phi42mm \times 64mm$
2	锻造	多向镦拔，碳化物偏析控制在1~2级。晶粒度10级
3	热处理	退火，207~255HBW
4	车削	按图车削加工，大端尾柄加工如图1-2所示，表面粗糙度值$Ra0.8\mu m$，留双边余量0.3~0.8mm，矩形部分车至$\phi16mm$
5	平面磨削	利用V形块夹具，以工艺尾柄为基准磨削小端面
6	钳工	去毛刺，在小端面划线
7	工具铣	铣削矩形部分，留双边余量0.3~0.4mm
8	钳工	修整圆角
9	热处理	淬火、回火至60~62HRC
10	外圆磨	以$\phi22mm$为基准，磨削工艺尾柄外圆
11	外圆磨	以工艺尾柄为基准，磨削$\phi30_{-0.2}^{\ 0}mm$，10°锥面及$\phi22mm$外圆表面
12	工具磨	以工艺尾柄为基准找正$\phi22mm$外圆，磨削矩形部分
13	钳工	修整圆角
14	工具磨	磨削小端面槽
15	线切割	切除工艺尾柄

 **任务评价**

任务评分表见表1-12。

表1-12　凸模零件的机械加工工艺规程制定评分表

序号	项目与技术要求	配分	考核标准	得分
1	制定工艺合理	80	有一处错误扣5分，少一道工序扣5分，制定工艺不合理酌情扣分	
2	积极发言，参与小组讨论	10	根据现场情况酌情扣分	
3	认真收集和处理信息	10	根据现场情况酌情扣分	
4	安全文明操作		违反安全文明操作规程酌情扣10~20分	
5	工时定额40min		每超时5min扣5分；超10min不得分	

复习与思考

1. 什么是机械加工工艺规程？模具机械加工工艺规程有什么作用？
2. 工序与工步有什么区别？
3. 什么是生产纲领？
4. 制定模具工艺规程需要哪些原始资料？
5. 简述制定模具工艺规程的步骤。
6. 常用的模具工艺文件有哪几种形式？
7. 常用的模具毛坯有哪几种？选择毛坯时应考虑哪几方面的因素？
8. 什么是基准？常用的基准有哪几种？
9. 精基准的选择应遵循什么原则？
10. 选择表面加工方案时应考虑什么问题？
11. 如何安排机械加工工序？
12. 预备热处理和最终热处理各有什么作用？
13. 如何确定加工余量？
14. 如何确定工艺装备？

项目2　模具零件机械加工

　　机械加工广泛应用于模具零件的生产制造，即使是在科学技术高度发达的今天，传统的机械加工生产方式仍然在现代模具制造过程中发挥着举足轻重的作用。模具中的大部分零件，如垫板、导柱、导套、压料板等都是用机械加工的方法制造，冲裁模的凸模和凹模、塑料模的型腔等复杂零件，许多也要进行机械加工。

任务1　模具零件车削加工

任务描述

　　校办工厂接到某模具厂一批加工导柱、导套的外协任务，如图2-1、图2-2所示，导柱材料为T8，导套材料为20钢。

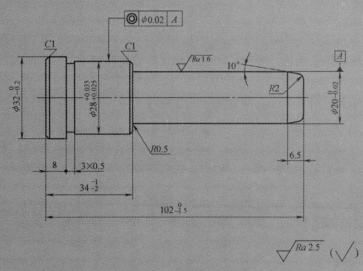

图2-1　导柱

知识目标

1. 了解车削加工的内容。
2. 熟悉车床的结构及传动路线。

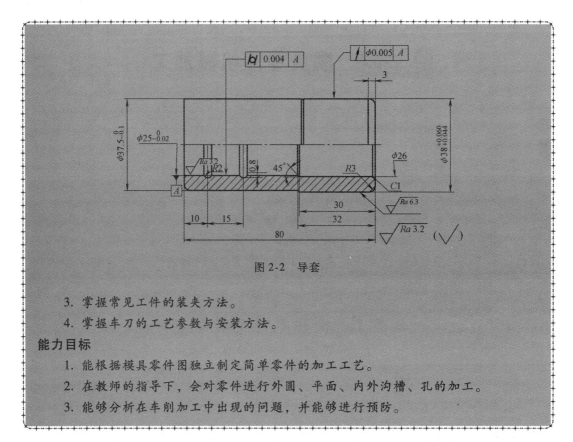

图 2-2 导套

3. 掌握常见工件的装夹方法。

4. 掌握车刀的工艺参数与安装方法。

能力目标

1. 能根据模具零件图独立制定简单零件的加工工艺。

2. 在教师的指导下，会对零件进行外圆、平面、内外沟槽、孔的加工。

3. 能够分析在车削加工中出现的问题，并能够进行预防。

相关知识

车削是工件旋转做主运动，车刀移动做进给运动的切削加工方法。车削的切削运动在车床上完成。

车削是最基本和应用最广的切削方法，其切削特点是刀具沿着所要形成的工件表面，以一定的背吃刀量 a_p 和进给量 f，对回转的工件进行切削。

用车削方法可以进行车外圆（圆柱、圆锥）、车平面、车孔（圆柱孔、圆锥孔）、车槽、车螺纹、车成形面等加工，还可以进行钻孔、铰孔、滚花等工作，如图 2-3 所示。

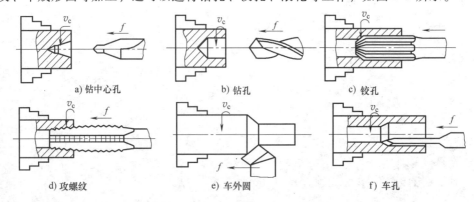

a) 钻中心孔　　　　　　b) 钻孔　　　　　　c) 铰孔

d) 攻螺纹　　　　　　e) 车外圆　　　　　　f) 车孔

图 2-3 卧式车床典型加工表面

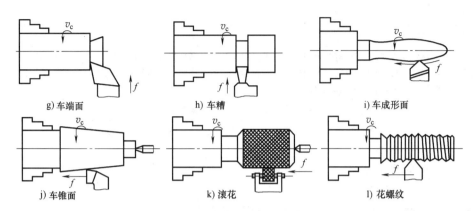

g) 车端面　　　　　　　　h) 车槽　　　　　　　　i) 车成形面

j) 车锥面　　　　　　　　k) 滚花　　　　　　　　l) 花螺纹

图 2-3　卧式车床典型加工表面（续）

一、车床

车床的种类很多，主要有仪表车床、单轴车床、多轴车床、半自动车床、转塔车床、立式车床、落地车床、仿形及多刀车床和数控车床等。在一般的机械制造厂中，车床占金属切削加工机床总数的 20% ~ 35%，其中 CA6140 卧式车床是我国自行设计制造、质量较好的普通车床。它的传动机构和结构形式较为典型，应用最为广泛。本任务以 CA6140 卧式车床为例介绍车削加工。

1. CA6140 卧式车床的结构

图 2-4 所示为 CA6140 卧式车床的外形图。其主要部件及其功用见表 2-1。

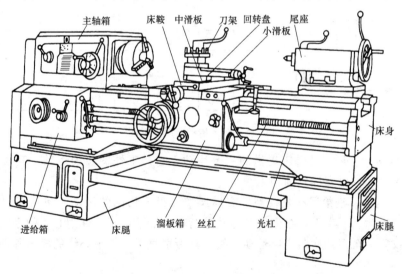

图 2-4　CA6140 卧式车床的外形图

表 2-1　CA6140 卧式车床各主要部件及其功用

部件名称	功　　用
主轴箱	固定在床身的左上端，主要用来支承并传动主轴，是主运动的变速机构。装在主轴箱内的主轴通过卡盘等夹具装夹工件，使其按规定转速旋转，以实现主运动
进给箱	固定在床身的左前侧，它是进给传动系统的变速机构，主要功用是改变被加工螺纹的螺距或机动进给的进给量

（续）

部件名称	功　用
溜板箱	固定在床鞍的底部,可带动刀架一起做纵向移动。它靠光杠、丝杠和进给箱联系,把进给箱传来的运动传给刀架,使刀架实现纵向进给、横向进给、快速移动或车削螺纹。溜板箱上装有各种操纵手柄及按钮,工作时操作者可以方便地操纵机床
床身	是车床的基本支承件,车床的各个主要部件均安装在床身上,并保持各部件间具有准确的相对位置
尾座	安装在床身导轨上,可沿导轨做纵向移动,以达到需要的位置。尾座主要是用后顶尖支承较长工件,也可以安装钻头、铰刀等孔加工刀具,进行孔加工
光杠	将进给运动传给溜板箱,实现自动进给
丝杠	将进给运动传给溜板箱,完成螺纹车削
床鞍	与溜板箱连接,可带动车刀沿床身导轨做纵向移动
中滑板	可带动车刀沿床鞍上的导轨做横向移动
小滑板	可沿转盘上的导轨做短距离移动。当转盘扳转一定角度后,小滑板还可带动车刀做相应的斜向运动
回转盘	与中滑板连接,用螺栓紧固。松开螺母,转盘可在水平面内转动任意角度
刀架	用来装夹车刀,最多可同时装夹4把刀。松开锁紧手柄即可转位,选用所需车刀

2. 卧式车床的运动分析

（1）车床传动路线　车床的传动路线如图2-5所示。

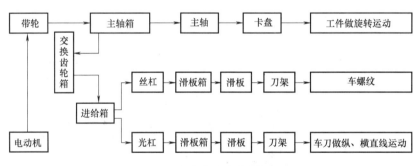

图2-5　车床传动路线方框图

（2）主运动　主运动是机床提供的主要运动,它是工件旋转的运动。其作用是使车刀与工件做相对运动,以完成切削加工。

（3）进给运动　进给运动是使新的金属层继续投入切削的运动,包括车刀的纵向进给运动和横向进给运动。车刀的纵向进给运动是指车刀沿平行于工件中心线的纵向移动,如车外圆、车螺纹等。车刀的横向进给运动是指刀具沿垂直于工件中心线的横向移动,多用于车端面及切断等。

（4）辅助运动　为实现机床的辅助工作而必需的运动称为辅助运动。辅助运动包括刀具的移近、退回、工件的夹紧等。在卧式车床上这些运动通常由操作者手工完成。

为了减轻操作者的劳动强度和节省移动刀架耗费的时间,CA6140卧式车床还具有单独电动机驱动的刀架,以便实现纵向及横向的快速移动。

二、常用车床夹具及工件装夹

车床上用以装夹工件和引导刀具的装置称为车床夹具。车床夹具一般分为通用夹具和专用夹具两种。专用夹具是针对某一专门加工对象而设计的;通用夹具使用范围较广,通常包括卡盘、花盘、顶尖、中心架、跟刀架等。

1．常用车床夹具

（1）卡盘　卡盘有自定心卡盘和单动卡盘两种。图2-6所示为自定心卡盘的结构。自定心卡盘的三个爪均匀分布在圆周上，能同步沿卡盘的径向移动，实现对工件的夹紧或松开，能自动定心，装夹工件时不需要校正，使用方便。但自定心卡盘夹紧力小，不能装夹不规则形状和大型工件。

单动卡盘的外形如图2-7所示。它有四个各不相关的卡爪，每个爪的后面有一半内螺纹与丝杠啮合，四个卡爪沿圆周均匀分布，每个卡爪单独沿径向移动，以适应工件形状需要。装夹工件时，需要通过调节卡爪的位置进行校正，较为麻烦，但夹紧力较大。适用于单件或小批量生产中安装较重或形状不规则的工件。

图2-6　自定心卡盘

图2-7　单动卡盘

（2）顶尖　顶尖的主要作用是定中心，承受工件的质量与切削时的切削力。顶尖分为前顶尖和后顶尖两种。

前顶尖是安装在主轴上的顶尖，它随主轴和工件一起回转。因此，与工件中心孔无相对运动，不产生摩擦。

后顶尖是插入尾座套筒锥孔中的顶尖，分为固定顶尖（图2-8）和活动顶尖（图2-9）两种。固定顶尖定心好，刚度高，切削时不易产生振动，但与工件中心有相对运动，容易发热和磨损。活动顶尖内部装有滚动轴承，顶尖和工件一起转动，克服了发热和摩擦，能承受很高的转速，但支承刚性相对较差。

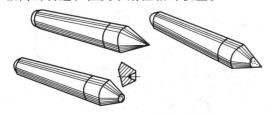

图2-8　固定顶尖

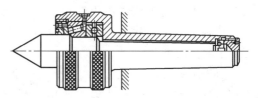

图2-9　活动顶尖

（3）中心架与跟刀架（图2-10）　当车削刚度较低的细长轴时，或是不能穿过车床主轴孔的粗长工件，以及与外圆同轴度要求较高的长工件（$L/D > 10$）时，往往采用中心架来增强刚度，保证同轴度。

常用的跟刀架有两爪和三爪两种。跟刀架在使用时，一般固定在车床床鞍上，跟在车刀后面一起移动，承受作用在工件上的切削力。跟刀架多用于无台阶的细长光轴加工。

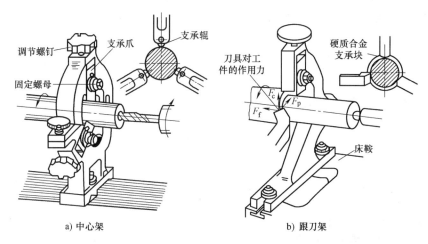

a) 中心架   b) 跟刀架

图 2-10   中心架与跟刀架

2. 工件在车床上的装夹

（1）用卡盘装夹   自定心卡盘常用于装夹中小型圆柱形、正三边形或正六边形工件。由于自动定心，一般不需要校正，但在装夹较长工件时，工件上离卡盘夹持部分较远的回转中心不一定与车床主轴轴线重合，这时必须对工件位置进行校正。粗加工时，可用划针校正（图 2-11）；精加工时，用百分表校正（图 2-12）。

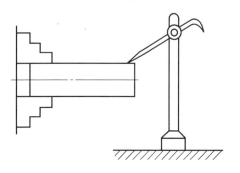

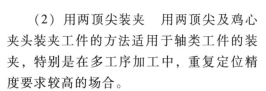

图 2-11   用划针校正轴类工件

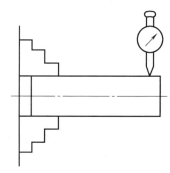

图 2-12   用百分表校正轴类工件

（2）用两顶尖装夹   用两顶尖及鸡心夹头装夹工件的方法适用于轴类工件的装夹，特别是在多工序加工中，重复定位精度要求较高的场合。

由于顶尖工作部位细小，支承面较小，不宜承受大的切削力，所以主要用于精加工。图 2-13 所示为用两顶尖及鸡心夹头装夹工件的结构。

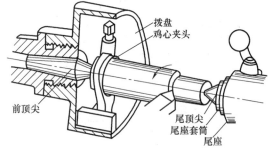

图 2-13   用两顶尖及鸡心夹头装夹工件的结构

提示：用两顶尖装夹工件之前，应在工件两端预制中心孔。

（3）一夹一顶装夹   工件一端用卡盘夹持，另一端用后顶尖支承的方法称为一夹一顶。

这种装夹方法安全、可靠，能承受较大的轴向切削力，适用于采用较大切削用量的粗加工，以及粗大笨重的轴类工件的装夹。但对相互位置精度要求较高的工件，掉头车削时，校正较困难。

为防止在轴向力的作用下，工件发生窜动，可以采用在卡盘内装一个轴向限位支承（图 2-14）或在工件被夹持部位车削一个长 10～20mm 的工艺台阶作为限位支承（图 2-15）。

图 2-14　用轴向限位支承防止工件轴向窜动　　　　图 2-15　用工件上的台阶防止工件轴向窜动

（4）用中心架、跟刀架辅助支承　当车削特别长的轴类工件时，常使用中心架或跟刀架作为辅助支承，以提高工件的刚度，防止工件的弯曲变形。

中心架多用于带台阶的细长轴的外圆加工；跟刀架多用于无台阶的细长轴的外圆加工。在较长轴类工件的端面上钻孔或车孔时，也用中心架作为辅助支承，如图 2-16 所示。

（5）用心轴装夹　如图 2-17 所示，当工件内、外圆表面间有较高的位置精度要求，且不能将内、外圆表面在同一次装夹中加工时，常采用先精加工内圆表面，再以其为定位基准面，用心轴装夹后精加工外圆的工艺方法。

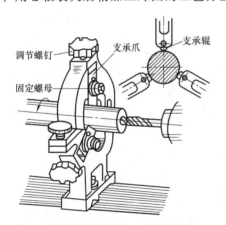 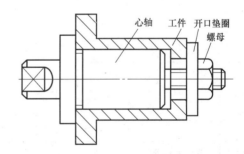

图 2-16　中心架辅助支承钻孔　　　　　　　图 2-17　工件用心轴装夹

心轴的定位圆柱表面具有较高的尺寸精度，心轴两端加工有中心孔，定位圆柱表面对两中心孔公共轴线有很高的位置精度。

三、车刀

1. 车刀切削部分应具备的性能

车刀切削时，切削部分要承受很大的切削抗力和冲击力，要在很高的温度下工作，经受连续强烈的摩擦。因此，车刀切削部分必须具备下列基本要求：

1）较高的硬度。常温下车刀刀头的硬度要在 60HRC 以上。

2）较高的耐磨性。车刀应具备抵抗工件磨损的性能。

3）较高的耐热性。车刀在高温下应仍具有良好的切削性能。

4）足够的强度和韧性。车刀切削部分应具有承受切削抗力、冲击力和振动的能力，以防止车刀脆性断裂或崩刃。

5) 良好的工艺性能。车刀应具备可锻性、可焊接性、可加工性、可磨削性和热处理性等。

2. 车刀切削部分的常用材料

目前，车刀切削部分的常用材料有高速钢和硬质合金两大类。

（1）高速钢 高速钢是含钨（W）、钼（Mo）、铬（Cr）、钒（V）等合金元素较多的工具钢，常用牌号有 W18Cr4V、W6Mo5Cr4V2 等。高速钢具有较好的综合性能和可磨削性能，可制造各种复杂刀具和精加工刀具，应用广泛，主要用于制造小型刀具、螺纹车刀及形状复杂的成形刀。高速钢车刀的特点是制造简单、刃磨方便、刃口锋利、韧性好并能承受较大的冲击力，但高速钢车刀的耐热性较差，不宜高速切削。

（2）硬质合金 硬质合金是用硬度和熔点很高的金属碳化物（WC、TiC）的粉末和粘结剂（Co、Vi、Mo 等），经过高压压制成形后再经高温烧结而成的粉末冶金制品。硬度、耐磨性和耐热性均高于高速钢。硬质合金的缺点是韧性较差，承受不了大的冲击力。硬质合金是目前应用最广泛的一种车刀材料。常见硬质合金的牌号、性能和使用范围见表 2-2。

表 2-2　常见硬质合金的牌号、性能和使用范围

类型	牌号	力学性能		使用性能			使用范围	
		硬度（HRC）	抗弯强度/GPa	耐磨	耐冲击	耐热	材料	加工性质
钨钴类	YG3X	78	1.03				铸铁,非铁金属	连续切削时精、半精加工
	YG6X	78	1.37				铸铁,耐热合金	精加工、半精加工
	YG6	75	1.42				铸铁,非铁金属	连续切削粗加工,间断切削半精加工
	YG8	74	1.47				铸铁,非铁金属	间断切削粗加工
钨钴钛类	YT5	75	1.37				钢	粗加工
	YT15	78	1.13				钢	连续切削粗加工,间断切削半精加工
	YT30	81	0.88				钢	连续切削精加工
通用硬质合金	YW1	80	1.28	较好	较好		难加工钢材	精加工、半精加工
	YW2	78	1.47		好		难加工钢材	半精加工、粗加工

3. 常用车刀的种类和用途

（1）车刀的种类 根据不同的车削加工内容，常用的车刀有外圆车刀、端面车刀、车断刀、车孔刀、圆头刀、螺纹车刀等，如图 2-18 所示。

（2）车刀的用途

车刀的用途如图 2-19 所示。

1）90°车刀（偏刀）。用来车削工件的外圆、台阶和端面。

2）45°车刀（弯头车刀）。用来车削工件的外圆、端面和倒角。

3）车断刀。用来车断工件或在工件上车槽。

4）车孔刀。用来车削工件的内孔。

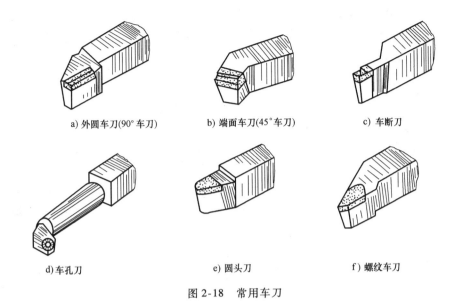

a) 外圆车刀(90°车刀)　　　b) 端面车刀(45°车刀)　　　c) 车断刀

d)车孔刀　　　　　　　　e) 圆头刀　　　　　　　　f) 螺纹车刀

图 2-18　常用车刀

5) 圆头刀。用来车削工件的圆弧面或成形面。

6) 螺纹车刀。用来车削螺纹。

（3）车刀的组成　图 2-20 所示为车刀组成示意图，它是由刀头和刀杆两部分组成的。刀头用于切削，又称切削部分；刀杆用于把车刀装夹在刀架上，又称夹持部分。车刀主要由以下各部分组成：

1) 前刀面。切屑流出经过的刀具表面。

2) 主后刀面。与工件上加工表面相对应的表面。

3) 副后刀面。与工件上已加工表面相对应的表面。

4) 主切削刃。前刀面与主后刀面相交的交线。

5) 副切削刃。前刀面与副后刀面相交的交线部位。

6) 刀尖。主、副切削刃相交的交点部位。为了提高刀尖的强度和寿命，往往把刀尖刃磨成圆弧形和直线形的过渡刃。

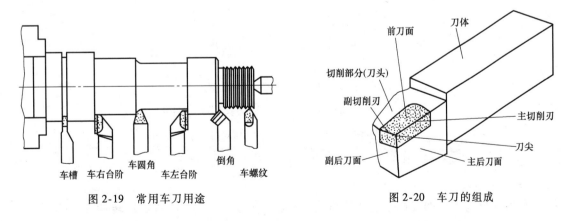

图 2-19　常用车刀用途　　　　　　　　图 2-20　车刀的组成

4. 车刀的装夹

1) 车刀装夹在刀架上要保证其刚性，所以车刀刀杆伸出部分应尽量短，一般为刀杆高度的 1~1.5 倍。调整车刀高度的垫片应平整，无毛刺，厚度均匀，垫片数量要尽量少（1~2 片为宜），并与刀架前面边缘对齐，且至少用两个螺钉压紧，过松易引起松动或振动，过紧则易损坏压紧螺钉，如图 2-21 所示。

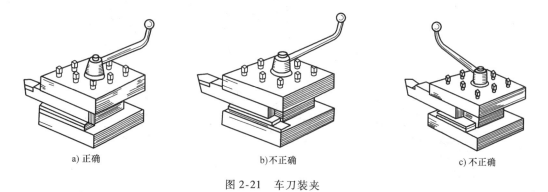

a) 正确　　　　　　　　b)不正确　　　　　　　　c)不正确

图 2-21　车刀装夹

2）保证车刀的实际主偏角 κ_r。例如 90° 车刀应保证，粗车时 $\kappa_r = 85° ~ 90°$，精车时 $\kappa_r = 90° ~ 93°$。

3）车刀刀尖高度应与工件轴线等高。若车刀刀尖高于工件轴线（图 2-22b），会使车刀的实际后角减小，车刀后刀面与工件接触，相互间的摩擦增大，会导致已加工表面粗糙。若车刀刀尖低于工件轴线（图 2-22c），会使车刀的实际前角减小，切削阻力增大。刀尖高度与工件轴线不等高，车端面时，不能车平中心，会留有凸头。使用硬质合金车刀时，车到靠近中心处会使刀尖崩碎，如图 2-22 所示。

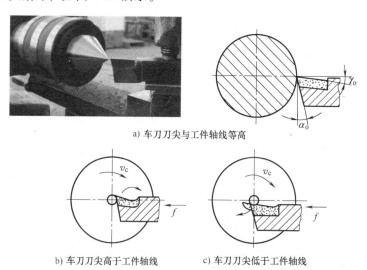

a) 车刀刀尖与工件轴线等高

b) 车刀刀尖高于工件轴线　　　　c) 车刀刀尖低于工件轴线

图 2-22　车刀刀尖与工件中心的位置

四、车削加工方法

1. 外圆车削

外圆车削包括外圆柱面车削和外圆锥面车削。车削外圆时，工件的回转是主运动，车刀做平行于工件轴线的移动是进给运动。

（1）外圆车刀　车外圆时，常用外圆车刀的特点及用途见表 2-3。

表 2-3　常用外圆车刀

名称	45°弯头车刀	60°~75°外圆车刀	90°偏刀
图示	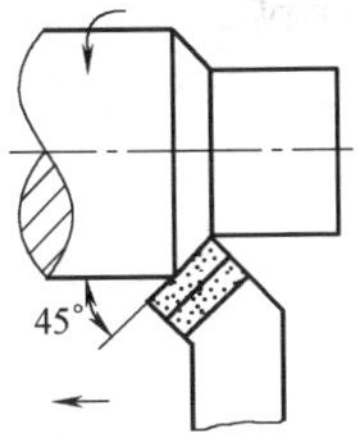 45°	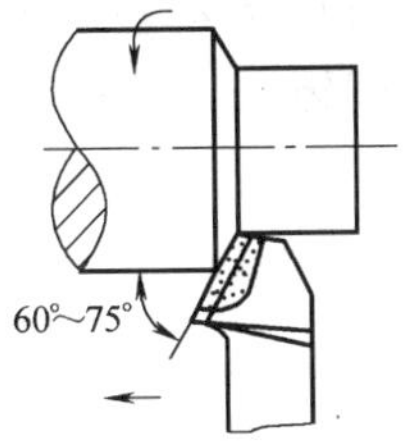 60°~75°	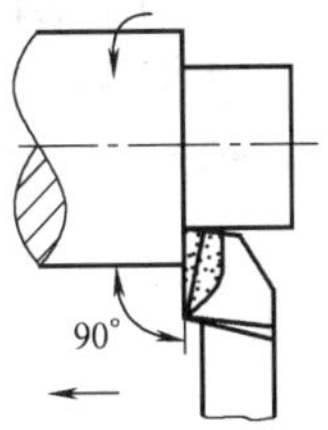 90°
主偏角	$\kappa_r = 45°$	$\kappa_r = 60° \sim 75°$	$\kappa_r = 90°$
特点	切削时背向力 F_p 较大,车削细长工件时,工件容易被顶弯而引起振动	刀尖强度较高,散热条件较好,主偏角 κ_r 的增大使切削时背向力 F_p 得以减小	主偏角很大,切削时背向力 F_p 较小,不易引起工件的弯曲和振动,但刀尖强度较低,散热条件差,容易磨损
用途	多用途车刀,可以车外圆、车平面和倒角,常用来车削刚性较好的工件	车削刚性稍差的工件,主要适用于粗、精车外圆	车外圆、端面和台阶

（2）切削用量的选择　切削加工一般分为粗加工、半精加工和精加工三个阶段。粗加工阶段的主要目的是切除加工表面的大部分加工余量,所以主要考虑的是如何提高生产率。半精加工阶段的主要任务是使零件达到一定的准确度,为重要表面的精加工做好准备,并完成一些次要表面的加工。精加工阶段的主要任务是达到零件的全部尺寸和技术要求,这个阶段考虑的是如何保证加工质量。

粗车时,在允许范围内应尽量选择大的背吃刀量 a_p 和进给量 f,以提高生产率,而切削速度 v_c 则相应选取低些,以防止车床过载和车刀的过早磨损。

半精车和精车外圆作为工件的半精加工（后继精加工为磨削）或精加工（主要是加工有色金属材料）,以保证工件加工质量为主。因此,应尽可能减小切削力、切削热引起的由机床-夹具-工件-刀具组成的工艺系统的变形,减小加工误差。所以,应选取较小的背吃刀量 a_p 和进给量 f,而切削速度则可取高些。

提示：选择切削用量时,通常是先确定背吃刀量 a_p,然后是进给量 f,最后是切削速度 v_c。

2. 平面与台阶车削

在车床上进行平面加工主要有车端面和车台阶两种。

（1）车端面　车端面常用90°偏刀、左偏75°外圆车刀或45°弯头车刀进行。装刀时,刀尖高度必须严格保证与工件轴线等高,否则端面中心会留下凸起的剩余材料。车削时,工件回转做主运动,车刀做垂直于工件轴线的横向进给运动。

提示：车端面时,为防止床鞍因间隙或误操作,发生纵向位移而影响平面度,应将床鞍位置锁定。

1）用90°偏刀车端面时，车刀由工件外缘向中心进给，若背吃刀量较大，切削抗力 F' 会使车刀扎入工件而形成凹面（图2-23a），此时可从中心向外缘进给，但背吃刀量较小（图2-23b）如果切削余量较大，可用图2-24所示的端面车刀车削。

2）用左偏的75°外圆车刀车削铸件、锻件的大端面。装刀时，车刀的刀杆中心线与车床主轴轴线平行，如图2-25所示。

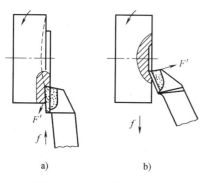 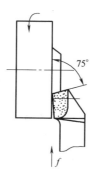 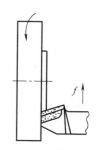

图2-23 用90°偏刀车端面　　　图2-24 用端面　　　图2-25 用左偏75°
　　　　　　　　　　　　　　　　车刀车端面　　　　　外圆车刀车端面

3）用45°弯头车刀车端面，可由工件外缘向中心车削（图2-26），也可由中心向外缘车削（图2-27）。

（2）车台阶　车削台阶时，通常选用90°的偏刀（图2-28）粗车，切除台阶的大部分余量后改用大于90°的偏刀精车。车削时，先纵向进给车外圆，到台阶处时，再由内向外横向进给车台阶平面，以保证台阶平面与外圆轴线的垂直度。

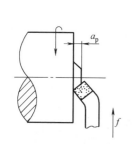 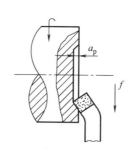 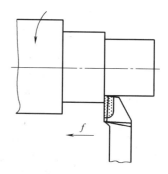

图2-26 由外缘向中心车端面　　图2-27 由中心向外缘车端面　　图2-28 车削台阶

 　　提示：精车台阶时，在机动进给精车外圆至接近台阶处时，应改为手动进给，以确保垂直度达到要求。

车台阶时，台阶平面的轴向位置保证方法如图2-29所示。

3. 车槽与车断

（1）车槽　沟槽分为在外圆和平面上的外沟槽和在工件内孔中的内沟槽两种。

车削沟槽时，车刀刀头的宽度等于槽宽，刀头的长度稍大于槽深，刀头形状应和槽底形状吻合。常见各种槽的车削方法如图2-30所示。

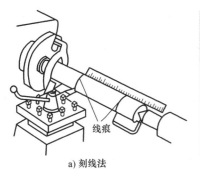

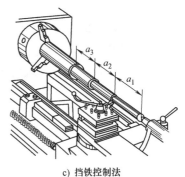

a) 刻线法   b) 刻度盘控制法   c) 挡铁控制法

图 2-29　轴向位置保证法

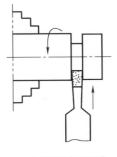

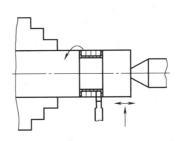

a) 直进法车矩形槽   b) 宽矩形槽的车削

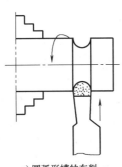

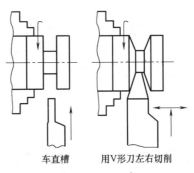

车直槽　　用V形刀左右切削

c) 圆弧形槽的车削   d) V形槽的车削

图 2-30　各种槽的车削方法

（2）车断　车断用车断刀，车断刀的刀头长度 L 应稍大于实心工件的半径或空心工件、管料的壁厚 h，如图 2-31 所示。车断刀头的宽度应适当，太窄刀头强度低，容易折断，太宽则容易引起振动和增大材料消耗。

车断实心工件时，车断刀的刀尖应与工件轴线等高，车断空心工件、管料时，车断刀的刀尖应稍低于工件轴线。

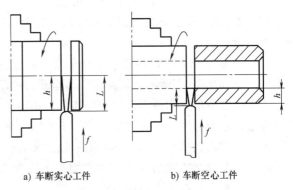

a) 车断实心工件   b) 车断空心工件

图 2-31　工件的车断

4. 车削孔

用车削方法扩大工件的孔或加工空心工件的内表面称为车孔。车孔是车削加工的主要内容之一，可用作孔的半精加工和精加工。

（1）车孔刀　孔分为通孔和不通孔两类，见表2-4。

表2-4　车孔刀及孔的车削

项目	车 通 孔	车 不 通 孔
图示	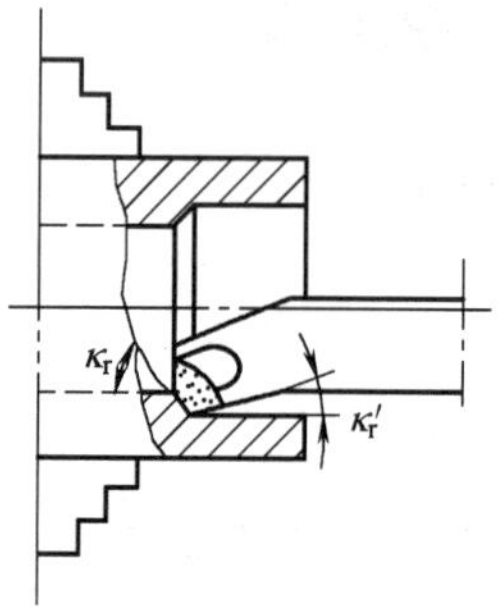	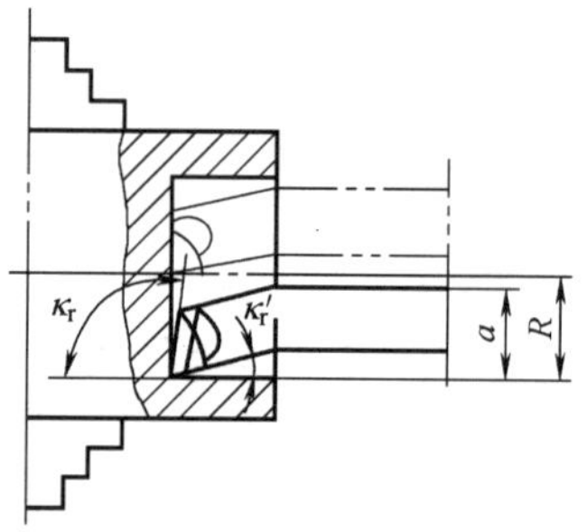
主偏角	小于90°，一般 $\kappa_r = 60° \sim 75°$	大于90°，一般 $\kappa_r = 92° \sim 95°$
其他条件	副偏角 $\kappa_r' = 15° \sim 30°$	不通孔车刀刀尖到刀柄外侧的距离 a 应小于孔的半径 R

（2）车孔方法　车孔的方法与车外圆相同，只是进刀与退刀的方向相反。此外，车孔时的切削用量应比车外圆时小些，特别是车小孔、深孔时。

车通孔时，在切削抗力作用下，容易将刀柄压低而产生扎刀现象，并可造成孔径扩大。车削平底不通孔时，车刀刀尖必须对准工件中心，且必须满足 $a < R$（表2-4）的条件，否则无法车完底平面。车孔刀伸出刀架长度一般比被加工孔长 $5 \sim 10$mm，不宜过长。

5. 车削内沟槽

（1）内沟槽的种类和作用

1）退刀槽。车内螺纹、车孔和磨孔时作退刀用或为了拉油槽方便，两端开有退刀槽。

2）密封槽。在 T 形槽中嵌入油毛毡，防止轴上的润滑油溢出。

3）轴向定位槽。在轴承座内孔中的适当位置开槽放入孔用弹性挡圈，以实现滚动轴承的轴向定位。有些较长的轴套，为了方便和定位良好，往往在长孔中间开有较长的内沟槽。

4）油气通道槽。在各种液压和气压滑阀中开内沟槽以通油或通气。这类沟槽要求有较高的轴向位置。

（2）内沟槽车刀　内沟槽车刀与车断刀的几何形状相似，内沟槽刀的后角通常刃磨成双重后角，如图2-32所示，装夹方向与车断刀相反。

加工小孔中的内沟槽车刀做成整体式，如图2-33a所示，在大直径内孔中车内沟槽的车刀可做成车槽刀刀体，然后装夹在刀柄上使用，如图2-33b所示。由于内沟槽通常与轴线垂直，因此要求内沟槽车刀的刀体与刀柄轴线垂直。

（3）内沟槽的车削方法　车内沟槽与车外沟槽方法类似。根据被加工工件的孔径尺寸、沟槽的深度和宽度选用内沟槽刀。

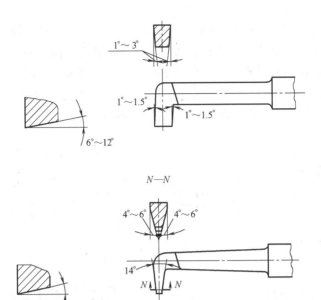

图 2-32　内沟槽刀的几何角度

　　宽度较小和要求不高的内沟槽，可用主切削刃宽度等于槽宽的内沟槽车刀采用直进法一次车出，如图 2-34a 所示；要求较高或较宽的内沟槽，可用大滑板刻度盘控制采用直进法分几次车出，如图 2-34b 所示。粗车时，槽壁和槽底留精车余量，然后根据槽宽、槽深进行精车；若内沟槽

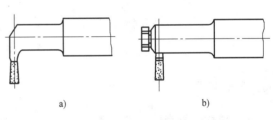

图 2-33　内沟槽车刀的形式

深度较浅，宽度较大，可用内圆粗车刀先车出凹槽，再用内沟槽刀车沟槽两端垂直面，如图 2-34c 所示。

　　提示：沟槽深度可用中滑板刻度盘来控制；位置用大、小滑板刻度或挡铁来控制。

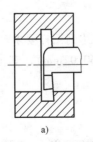
a)
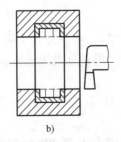
b)
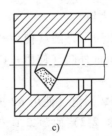
c)

图 2-34　车内沟槽的方法

（4）内外沟槽的测量

1）内沟槽的深度一般用弹簧内卡钳测量，如图 2-35a 所示。测量时，张开内卡的两爪，分别接触内孔槽尽可能大的槽壁，缓慢移动钳爪，找到最大方向，移出卡钳，用卡尺比对就可以得到尺寸。当内沟槽直径较大时，可用弯脚游标卡尺测量，如图 2-35b 所示。

2）内沟槽的轴向尺寸可用钩形游标深度卡尺测量，如图 2-35c 所示。

3）内沟槽的宽度可用样板或游标卡尺测量，如图 2-35d 所示。

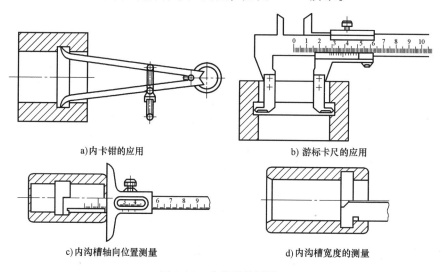

a)内卡钳的应用　　　　　　　　　　b) 游标卡尺的应用

c)内沟槽轴向位置测量　　　　　　　　d)内沟槽宽度的测量

图 2-35　内沟槽的测量

任务实施

五、导柱、导套的加工工艺

1. 导柱（图 2-1）的加工工艺

1）用自定心卡盘夹持工件外圆，伸出长度 30mm 左右，车削 $\phi30mm \times 10mm$ 工艺台。

2）掉头夹持外圆，平端面，钻 $\phi3mm$ 中心孔。

3）夹持工艺台，顶中心孔。

4）粗车 $\phi32.5mm$，长度大于（102 + 0.5）mm；粗车 $\phi28.5mm \times 93.5mm$；粗车 $\phi20.5mm \times 67.5mm$。

5）精车 $\phi32mm \times 8mm$，$\phi28mm \times 94mm$，$\phi20mm \times 68mm$，留 0.2 ~ 0.3mm 磨削余量。

6）车削 $3mm \times 0.5mm$ 槽。

7）倒角，去锐。

8）夹持 $\phi28mm$ 外圆（使用开口套），车削总长 102mm，达到图样要求。

9）夹 $\phi20mm$ 外圆（使用开口套，用百分表找正同轴度 $\phi0.02mm$）；车削 10°，保证锥长 6.5mm。

10）车削 R2 圆角（使用 R2 成形刀）。

2. 导套（图 2-2）的加工工艺

1）用自定心卡盘夹持工件外圆，伸出长度 30mm 左右，车削 $\phi35mm \times 10mm$ 工艺台。

2）掉头夹持工件外圆，车削端面，钻 $\phi3mm$ 中心孔。

3）夹持工艺台，顶中心孔。

4）粗车 $\phi38.5mm \times 82mm$。

5）夹持 $\phi38.5mm$ 外圆，伸出长度约 $50mm$。

6）钻 $\phi24mm$ 孔。

7）车削端面。

8）粗精车 $\phi25mm \times 50mm$ 内孔，留 $0.2 \sim 0.3mm$ 磨削余量。

9）粗精车 $2 \times R2mm \times 0.8mm$ 沟槽（使用 $R2$ 成形刀一次完成）。

10）粗精车 $\phi37.5mm \times 48mm$ 外圆，留 $0.2 \sim 0.3mm$ 磨削余量。

11）车削 $R3mm \times 3mm$ 圆角。

12）掉头用开口套夹 $\phi37.5mm$ 外圆，伸出长度大于 $35mm$，找正外圆，跳动量小于 $0.05mm$。

13）车削总长 $80mm$，达到图样要求。

14）车削 $\phi26mm \times 30mm$ 内孔。

15）粗精车 $\phi38mm$ 外圆，留 $0.2 \sim 0.3mm$ 磨削余量。

16）车削 $R3mm \times 3mm$ 圆角。

17）倒角去锐。

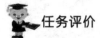 **任务评价**

任务评分表见表2-5。

表2-5　导柱、导套车削加工评分表

序号	项目	配分	考核标准	得分
1	车削前准备	5	工具、刀具、量具、夹具、材料等准备充分，少一种扣2分	
2	加工工艺编制	10	制定车削加工工艺，一处不合理扣5分	
3	尺寸精度	40	超差全扣	
4	几何精度	20	超差全扣	
5	表面粗糙度	10	超差全扣	
6	内沟槽	10	酌情扣分	
7	倒角、$R(r)$ 及锥度	5	酌情扣分	
8	安全文明操作		违反安全文明操作规程酌情扣 $10 \sim 20$ 分	

复习与思考

1. 在卧式车床上可以加工哪些工件表面？

2. 简述卧式车床的传动路线。

3. 车床上常用的夹具有哪些？

4. 对车刀切削部分的材料有哪些基本要求？常用的刀具材料有哪些？

5. 简述车刀的结构。

6. 车刀在安装时要注意哪些问题？

7. 车削外圆时，切削用量如何选择？

8. 简述车外圆的方法。

9. 简述车孔的注意事项。

10. 简述内沟槽的种类和作用。

任务2 模具零件刨削加工

任务描述

校办工厂接到某模具厂送来的一批下模座需要进行刨削加工，如图2-36所示，材料为Q235。

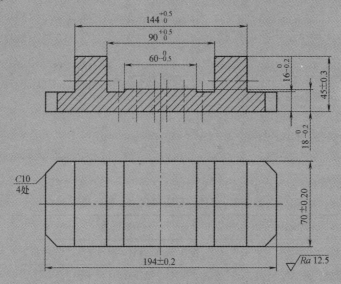

图2-36 下模座

知识目标

1. 了解刨削的加工内容。

2. 熟悉刨床的结构及各部分的功用。

3. 掌握刨刀的使用方法。

能力目标

1. 能根据零件图制定刨削加工工艺。

2. 会进行平面与沟槽刨削加工，并能达到一定的精度要求。

 相关知识

刨削是用刨刀对工件做水平相对直线往复运动的切削加工方法。刨削在刨床上进行。

刨削是平面加工的主要方法之一，目前许多刨削加工逐渐被铣削所代替，但在一些特殊的场合和一些大型的工件仍然需要刨削加工。在刨床上可以刨平面（水平面、垂直面和斜面）、沟槽（直槽、V形槽、T形槽和燕尾槽）和曲面等，如图2-37所示。

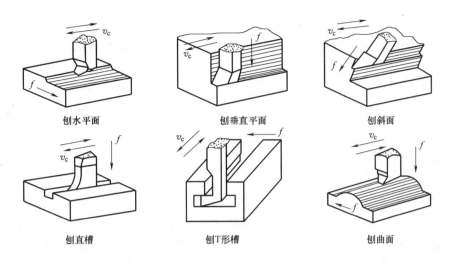

图 2-37 刨削的主要内容

一、刨床

刨床的种类很多，常用的有牛头刨床、龙门刨床等。本任务以 B6065 型牛头刨床为例介绍刨削加工。

1. 牛头刨床的结构

牛头刨床的外形如图 2-38 所示。牛头刨床各主要部件及其功用见表 2-6。

2. 牛头刨床的运动

牛头刨床的运动如图 2-39 所示。

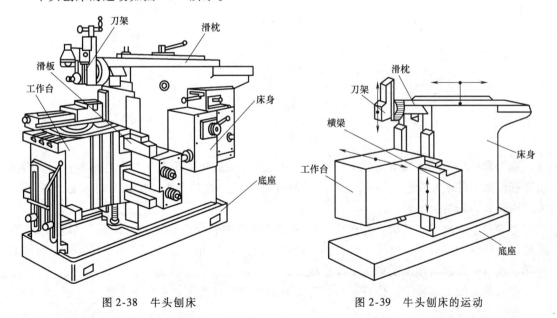

图 2-38 牛头刨床　　　　　　　图 2-39 牛头刨床的运动

（1）主运动　主运动为刀架（滑枕）的直线往复运动。电动机回转运动经带传动机构传递到床身的变速机构，然后由摆动导杆机构将回转运动转换成滑枕的直线往复运动。

表 2-6　牛头刨床各主要部件及其功用

部件名称	主 要 功 用
床身	用以支承刨床的各个部件。床身的顶部和前侧面分别有水平导轨和垂直导轨。滑枕连同刀架可沿水平导轨做直线往复运动;横梁连同工作台可沿垂直导轨实现升降。床身内部有变速机构和驱动滑枕的摆动导杆机构
滑枕	前端装有刀架,用来带动刨刀做直线往复运动,实现刨削
刀架	用来装夹刨刀沿所需方向移动。刀架与滑枕连接部位有转盘,可使刨刀按需要偏转一定角度。转盘上有导轨,摇动刀架手柄,滑板连同刀座沿导轨移动,可实现刨刀的间隙进给,或调整背吃刀量。刀架上的抬刀板在刨刀回程时抬起,以防止擦伤工件和减少刀具的磨损
工作台	用来安装工件,可沿横梁横向移动和与横梁一起沿床身垂直导轨升降,以便调整工件位置。在横向进给机构驱动下,工作台可实现横向进给运动

（2）进给运动　进给运动包括工作台的横向移动和刨刀的垂直（或斜向）移动。工作台的横向进给由曲柄摇杆机构带动横向运动丝杠间隙转动实现,在滑枕每一次直线往复运动结束后到下一次工作行程开始前的间隙中完成。刨刀的垂直（或斜向）进给则通过手动转动刀架手柄使其做间隙移动完成。

二、刨刀

刨刀的种类很多,常用的有直杆刨刀、弯头刨刀、平面刨刀、偏刀、切刀、成形刨刀和宽刃刨刀等,如图 2-40 所示。

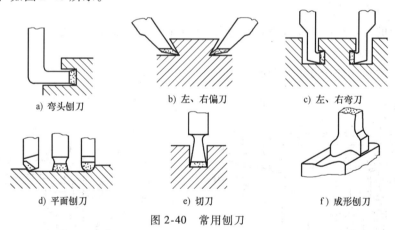

图 2-40　常用刨刀

刨刀属单刃刀具,其结构与车刀相似,其几何角度的选取原则上与车刀基本相同。但是由于刨削加工的不连续性,刨刀在切入工件时受到很大的冲击力,所以刀杆横截面一般较大,以提高刀杆的强度。

为避免刨削时因"扎刀"而造成工件报废,刨刀常制成弯颈形式,如图 2-41 所示,弯颈刨刀刨削时,刀尖不会啃入工件,而直杆刨刀的刀尖会啃入工件,造成刀具及加工表面的损坏,所以弯颈刨刀在刨削加工中应用较多。

刨刀装夹的要点提示:位置要正,刀头伸出长度尽可能短,夹持要牢固。

三、工件装夹

1. 平口钳装夹

对于小型工件,通常使用平口钳装夹,如图 2-42 所示。平口钳在工作台上的位置应正确,必要时应用百分表校正。装夹工件时应注意工件高出钳口或伸出钳口两端不宜过多,以

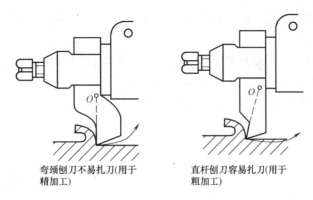

弯颈刨刀不易扎刀(用于
精加工)　　　直杆刨刀容易扎刀(用于
粗加工)

图 2-41　两种刨刀的刨削情况

保证夹紧可靠。

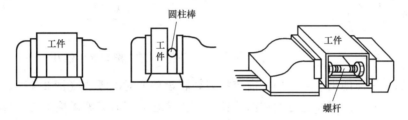

图 2-42　用平口钳装夹工件

2. 压板装夹

对于大型工件或平口钳难以夹持的工件，可使用 T 形螺栓、压板、挡块等将工件直接固定在工作台上，如图 2-43 所示。

四、刨削方法

1. 平面刨削

（1）水平面刨削　刨水平面时，进给运动由工作台（工件）横向移动完成，背吃刀量由刀架控制，如图 2-44 所示。

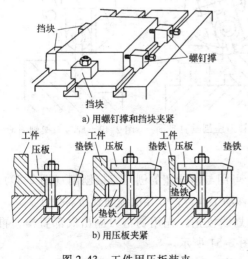

a) 用螺钉撑和挡块夹紧

b) 用压板夹紧

图 2-43　工件用压板装夹

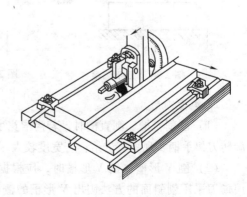

图 2-44　刨水平面

刨刀一般采用两侧切削刃对称的尖头刀（图2-45），以便双向进给，减少刀具的磨损和节省辅助时间。

（2）垂直面刨削　刨削垂直平面时，摇动刀架手柄使刀架滑板（刀具）做手动垂直进给，背吃刀量通过工作台的横向移动控制。

刨刀采用偏刀，其形状如图2-46所示。

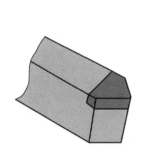

图2-45　尖头刀

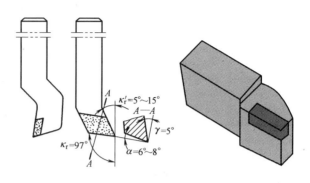

图2-46　偏刀

为保证加工平面的垂直度，加工前应将刀架转盘刻度对准零线（图2-47）。若精度要求较高时，在刨削时应按需要进行微调纠正偏差。为防止刨削时刀架碰撞工件，应将刀座偏转一个适当的角度（图2-48）。

（3）倾斜面刨削　刨削倾斜面有两种方法：一是倾斜装夹工件，使工件被加工面处于水平位置，用刨水平面的方法加工；二是将刀架转盘旋转所需角度，摇动刀架手柄，使刀架滑板（刀具）做手动倾斜进给，如图2-49所示。

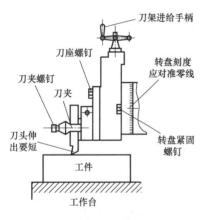

图2-47　刀架调整

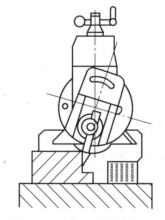

图2-48　偏转刀座刨垂直平面

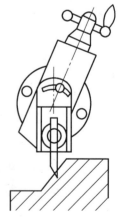

图2-49　旋转刀架刨斜面

2. 沟槽刨削

（1）刨削直槽　刨直槽时，若沟槽宽度不大，可用与槽同宽的刨刀直接刨削（图2-50），旋转刀架手柄实现垂直进给；若宽度较大，可横向移动工作台，分几次刨削到所需尺寸。

（2）刨V形槽　刨V形槽时，应根据工件的划线校正，先用切槽刀刨出底部直槽，再用偏刀采用刨斜面的方法刨出V形槽的侧面，如图2-51所示。

（3）刨燕尾槽　燕尾槽的刨削与V形槽相似，其加工顺序如图2-52所示。

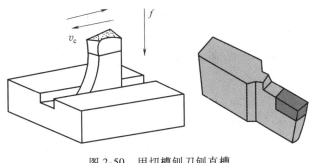

图 2-50 用切槽刨刀刨直槽

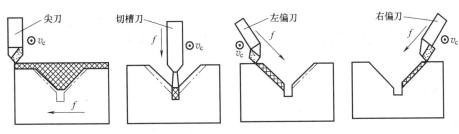

图 2-51 刨 V 形槽

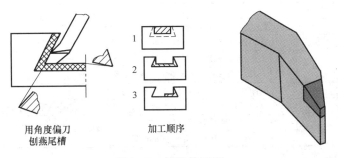

图 2-52 刨削燕尾槽

（4）刨削 T 形槽　T 形槽刨削需用直槽刀、左右切刀和倒角刀，按划线依次刨直槽、两侧槽和倒角，如图 2-53 所示。

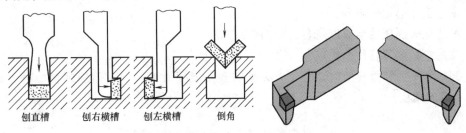

图 2-53 刨削 T 形槽

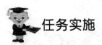　任务实施

五、下模座刨削加工工艺

1）按划线找正平面，使用机用平口钳夹持（194 ± 0.2）mm 两侧面，刨削（45 ± 0.3）mm 一面，见平后，翻转工件，刨削对面至尺寸（45 ± 0.3）mm。

2）夹持（45±0.3）mm 两对应面，按划线找正，刨削（194±0.2）mm 两侧面，并控制垂直度。

3）夹持（45±0.3）mm 两对应面，按划线找正，刨削（70±0.2）mm 两侧面，并控制垂直度。

4）夹持（70±0.2）mm 两侧面，下面垫平行垫铁，粗刨各面，注意控制 $16_{-0.2}^{\ 0}$ mm、$18_{-0.2}^{\ 0}$ mm、$144_{\ 0}^{+0.5}$ mm、$90_{\ 0}^{+0.5}$ mm 各尺寸，留精加工余量。

5）换精刨刀、切槽刀、偏刀，精加工各面，达到 $18_{-0.2}^{\ 0}$ mm、$144_{\ 0}^{+0.5}$ mm、$90_{\ 0}^{+0.5}$ mm 各尺寸要求。

6）换平面尖刀，加工 $16_{-0.2}^{\ 0}$ mm、$60_{-0.5}^{\ 0}$ mm 各平面，达到精度要求。

7）拆下机用平口钳，压板压在 $60_{-0.5}^{\ 0}$ mm 平面槽上，刨削两外侧垂直面。

8）倾斜刀架，刨削 C10 斜面。

 任务评价

任务评分表见表2-7。

表2-7　下模座刨削加工评分表

项目	配分	考核标准	得分
刨削前准备	10	工具、刀具、量具、夹具、材料等准备充分,少一种扣2分	
加工工艺编制	30	认真识图,制定科学合理的刨削加工工艺,一处不合理扣8分	
装夹定位、刀具选择	10	1）工件定位准确,装夹科学合理,否则,酌情扣分 2）刀具选择合理,能保证加工精度,否则,酌情扣分	
工件加工精度	40	对照图样要求,一处精度要求不合格扣5分	
小组合作情况	10	小组成员团结协作,相互沟通、交流,积极发言,否则,酌情扣分	
安全文明操作		违反安全文明操作规程酌情扣10~20分	
工时定额150min		超时5min扣10分,超时10min不得分	

复习与思考

1. 什么是刨削？刨削的切削运动有哪些？哪一个是主运动？

2. 简述刨床的加工内容。

3. 简述牛头刨床的组成以及各部分的作用。

4. 常用弯颈刨刀有什么优点？

5. 刨削水平面和垂直面时，为什么刀架转盘刻度要对准零线？而刨削斜面时刀架转盘要转过一定的角度？

任务3　模具零件铣削加工

任务描述

校办工厂接到某模具厂送来的一批下模板座需要进行铣削加工，如图2-54所示。材料为 Q235。

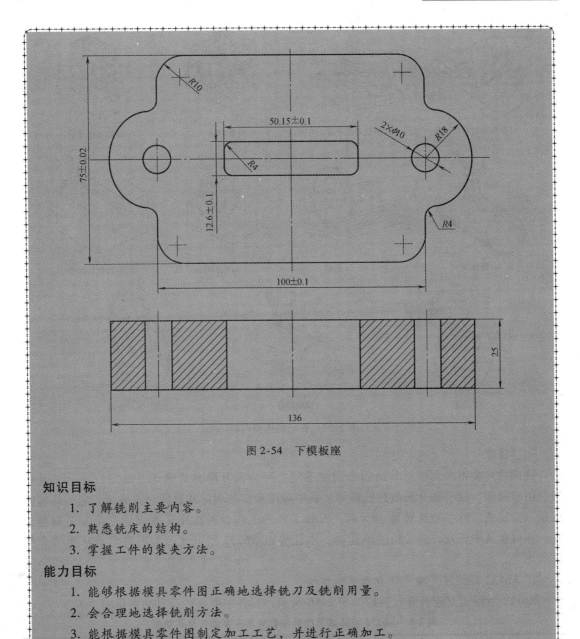

图 2-54　下模板座

知识目标

1. 了解铣削主要内容。

2. 熟悉铣床的结构。

3. 掌握工件的装夹方法。

能力目标

1. 能够根据模具零件图正确地选择铣刀及铣削用量。

2. 会合理地选择铣削方法。

3. 能根据模具零件图制定加工工艺，并进行正确加工。

相关知识

　　铣削是在铣床上利用铣刀对工件进行的切削加工。铣削加工中，铣刀旋转为主运动，工件相对于铣刀做进给运动。

　　铣削加工适应范围较广，它是平面和沟槽类表面的最基本的加工方法。在铣床上使用不同的铣刀可以加工平面、台阶、沟槽和成形面，采用分度盘可以铣削花键、齿轮和螺旋槽等。此外，钻孔、铰孔和铣孔也可以在铣床上完成。常见的铣削加工内容如图2-55所示。

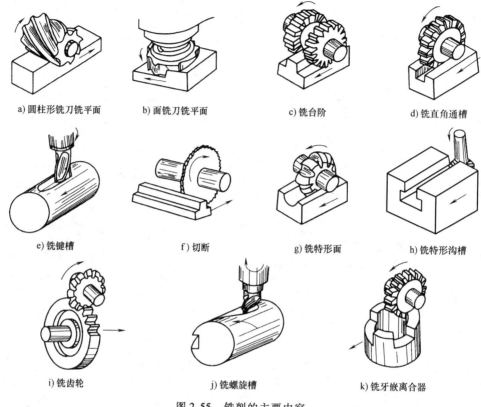

a) 圆柱形铣刀铣平面 b) 面铣刀铣平面 c) 铣台阶 d) 铣直角通槽

e) 铣键槽 f) 切断 g) 铣特形面 h) 铣特形沟槽

i) 铣齿轮 j) 铣螺旋槽 k) 铣牙嵌离合器

图 2-55　铣削的主要内容

一、铣床

铣床的种类很多，根据其结构和用途不同，可分为升降台式铣床、龙门铣床、工具铣床、仿形铣床、仪表铣床和数控铣床等。其中应用最广的为卧式升降台式铣床，它的结构特点是：安装铣刀的主轴旋转做主运动，安装工件的工作台可在相互垂直的三个方向调整位置，并可在其中任意方向实现进给运动。本任务以 X6132 型卧式万能升降台铣床为例介绍铣削加工。

1. X6132 型卧式万能升降台铣床的结构

X6132 型卧式万能升降台铣床如图 2-56 所示。其各主要部件及其功用见表 2-8。

表 2-8　X6132 型卧式万能升降台铣床主要部件及其功用

序号	部件名称	功　用
1	主轴变速机构	主轴变速机构安装在床身内部,其功用是将主电动机的额定转速通过齿轮变速,变换成 18 种不同的转速,传递给主轴,以适应铣削的需要
2	床身	床身的作用是安装和连接其他部件。床身固定在底座上,床身内部装有主轴部件、主传动装置及其变速机构等,床身的垂直导轨起引导升降台上下移动的作用,床身的顶部水平导轨用来安装悬梁
3	横梁	横梁可沿床身顶部燕尾形导轨移动,并可按需要调节其伸出床身的长度,横梁上可安装挂架
4	主轴	主轴是一根前端带锥孔的空心轴,锥孔的锥度为 7:24,其作用是安装铣刀,并带动铣刀杆做旋转运动

（续）

序号	部件名称	功　用
5	挂架	挂架安装在横梁上,用以支承刀杆的外端,增加刀杆的刚性
6	工作台	工作台用来安装夹具和工件,铣削时带动工件实现纵向进给运动
7	横向溜板	铣削时横向溜板用来带动工作台实现横向进给运动。在横向溜板与工作台之间设有回转盘,可以使工作台在水平面内做 ±45° 的扳转
8	升降台	升降台用来支承横向溜板和工作台,升降台可沿床身的垂直导轨上下移动,以调整工作台的高低位置,并可做垂向进给运动
9	进给变速机构	进给变速机构用来调整和变换工作台的进给速度,以适应铣削的需要
10	底座	底座用来支承床身,承受铣床全部重量,存储切削液

2. X6132 型卧式铣床的运动

X6132 型卧式万能升降台铣床的运动如图 2-57 所示，其传动路线如图 2-58 所示。

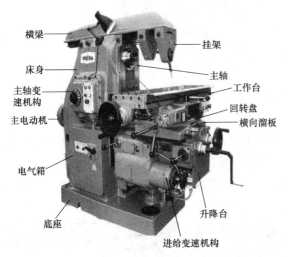

图 2-56　X6132 型卧式万能升降台铣床

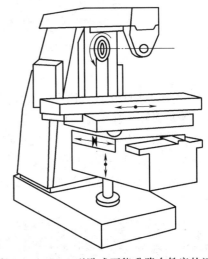

图 2-57　X6132 型卧式万能升降台铣床的运动

（1）主运动　主运动是主轴（铣刀）的回转运动。主电动机的回转，经主轴变速机构传递到主轴，使主轴回转。主轴转速共 18 级（转速范围为 30～1500r/min）。

（2）进给运动　进给运动是工作台（工件）的纵向、横向和垂直方向的移动。进给电动机的回转运动，经进给变速机构，分别传递给三个进给方向的进给丝杠，获得工作台的纵向运动、横向运动和升降台的垂直方向运动，进给速度各 18 级，纵向、横向进给速度范围为 12～960r/min，垂直方向为 4～320r/min，并可实现快速移动。

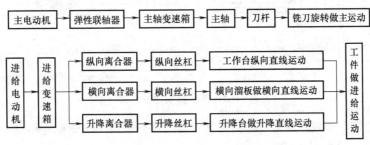

图 2-58　X6132 型卧式万能升降台铣床的传动路线

二、工件装夹

在铣床上对工件进行装夹的方法主要有平口钳装夹、压板装夹、回转工作台装夹和分度头装夹等。

1. 平口钳装夹

平口钳装夹是铣床上常用的装夹方法。铣削长方体工件的平面、台阶面、斜面和轴类工件上的键槽时，都可以用平口钳装夹。

常用的平口钳有回转式和非回转式两种，如图 2-59 所示。平口钳按其钳口宽度不同，主要有 100mm、125mm、130mm、160mm、200mm 和 250mm 等几种规格。

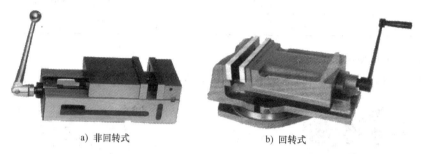

a) 非回转式　　　　　　　　　　b) 回转式

图 2-59　平口钳

（1）平口钳的安装与校正　安装平口钳时，应擦净钳座底面和铣床工作台面。一般情况下，平口钳在工作台上的位置，应处在工作台长度方向的中心偏左、宽度方向的中心，以方便操作。钳口方向根据工件长度确定，对于长工件，在卧式铣床上固定钳口面应与铣床主轴轴线垂直，如图 2-60a 所示，在立式铣床上则应与进给方向平行。对于短工件，在卧式铣床上固定钳口面应与铣床主轴轴线平行，如图 2-60b 所示，在立式铣床上则应与进给方向垂直。

> 提示：粗铣和半精铣时，应使铣削力指向固定钳口。

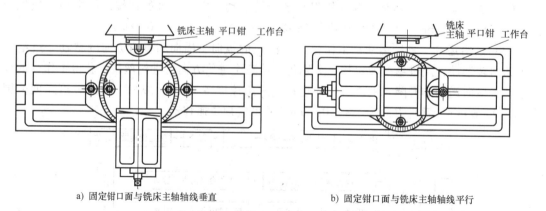

a) 固定钳口面与铣床主轴轴线垂直　　　　　　b) 固定钳口面与铣床主轴轴线平行

图 2-60　平口钳的安装位置

当钳口与铣床主轴轴线要求有较高的垂直度或平行度时，应对固定钳口进行校正，校正的方法如图 2-61 ~ 图 2-63 所示。

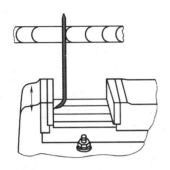

图 2-61　用划针校正固定钳口
与铣床主轴轴线垂直

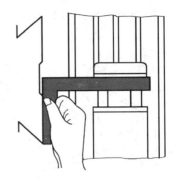

图 2-62　用90°角尺校正固定
钳口与铣床主轴轴线平行

（2）工件的装夹　毛坯件装夹时，先选择一个大平面作为精基准，将其靠在固定钳口上或导轨面上。在钳口或导轨面和工件毛坯面间应垫铜皮，以防损伤钳口。轻夹工件，用划针盘校正毛坯上平面位置，基本平行后再夹紧工件，如图 2-64 所示。

经粗加工过的工件装夹时，选择一个较大的精加工面作为基准面，将其靠向固定钳口面或钳体导轨面进行装夹。一般在基准面与钳体之间放置一圆棒，能保证工件的基准面与固定钳口面能够

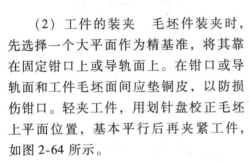

a) 固定钳口与主轴轴线垂直　　b) 固定钳口与主轴轴线平行

图 2-63　用百分表校正固定钳口

很好地贴合，如图 2-65 所示。若工件的基准面靠向钳体导轨面时，在工件与导轨之间要垫一平行垫铁，要保证相互贴合良好，夹紧工件，如图 2-66 所示。

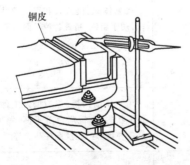

图 2-64　钳口垫铜皮装夹校正毛坯

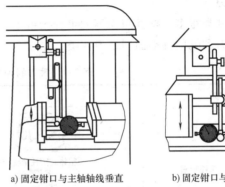

图 2-65　用圆棒夹持工件

2. 压板装夹

安装尺寸较大、较长或形状比较复杂的大、中型工件时，常使用压板将工件直接压紧在工作台面上。所使用的夹紧件主要是压板、垫铁、T 形螺栓和螺母等。使用压板夹紧工件时，应选择两块以上的压板，压板的一端搭在工件上，另一端搭在垫铁上，垫铁的高度应等于或略高于工件被压紧部位的高度，螺栓与工件间的距离应尽量短。使用压板时，螺母和压

板平面之间应垫有垫片，如图 2-67 所示。

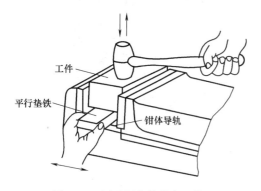

图 2-66 用平行垫铁装夹工件

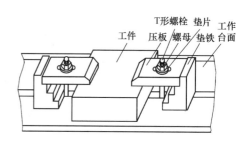

图 2-67 用压板装夹工件

三、铣刀

铣刀的种类很多，按其用途不同可分为铣削平面用铣刀、铣削直角沟槽用铣刀、铣削特形沟槽用铣刀和铣削特形面用铣刀四类，见表 2-9。

表 2-9　铣刀的种类及用途

种类		图示	用途
铣削平面用铣刀	圆柱形铣刀	整体式圆柱形铣刀 镶齿圆柱形铣刀	分精齿和细齿两种,用于粗铣及半精铣平面
	面铣刀	套式面铣刀 可转位硬质合金刀片面铣刀	有整体式、镶齿式和可转位式等几种,用于粗铣、精铣各种平面
铣削直角沟槽用铣刀	立铣刀		用于铣削沟槽、螺旋槽及工件上各种形状的孔;铣削台阶平面、侧面;铣削各种盘形凸轮及圆柱凸轮等
	三面刃铣刀	直齿三面刃铣刀 镶齿三面刃铣刀	分直齿与错齿、整体式与镶齿式。用于铣削各种槽、台阶平面、工件的侧面及其凸台平面

（续）

种类		图示	用途
铣削直角沟槽用铣刀	键槽铣刀		用于铣键槽
	盘形槽铣刀	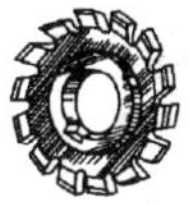	用于铣削螺钉槽及其他工件上的槽
	锯片铣刀		用于铣削各种槽以及板料、棒料和各种型材的切断
铣削特形沟槽用铣刀	T形槽铣刀	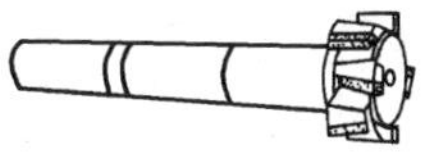	用于铣削T形槽
	燕尾槽铣刀	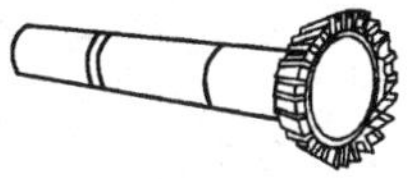	用于铣削燕尾槽
	单角铣刀		用于各种刀具的外圆齿槽与端面齿槽的开齿，铣削各种锯齿形离合器与棘轮的齿形
	对称双角铣刀	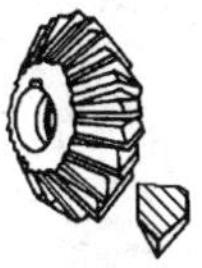	用于铣削各种V形槽和尖齿、梯形离合器的齿形
铣削特形面用铣刀	凹半圆铣刀		用于铣削凸半圆成形面
	凸半圆铣刀		用于铣削半圆槽和凹半圆成形面

（续）

种类		图示	用途
铣削特形面用铣刀	模数齿轮铣刀		用于铣渐开线齿形的齿轮
	叶片内弧成形铣刀		用于铣削涡轮叶片等叶片内弧成形表面

四、铣削用量与铣削方式

1. 铣削用量

铣削过程中所选用的切削用量称为铣削用量。铣削用量包括铣削速度、进给量、背吃刀量和铣削宽度。铣削用量的选择对提高铣削的加工精度、改善加工表面质量和提高生产率有着密切的关系。

（1）铣削速度 铣削时铣刀切削刃选定点在主运动中的线速度称为铣削速度。通常以切削刃上离铣刀轴线距离最大的点在 1min 内所经过的路程表示。

铣削速度与铣刀直径、主轴转速有关，其计算公式为

$$v_c = \frac{\pi d_0 n}{1000}$$

式中　v_c——铣削速度（m/min）；

　　　d_0——铣刀直径（mm）；

　　　n——铣刀（或铣床主轴）转速（r/min）。

（2）进给量 铣刀在进给运动方向上相对工件的单位位移量称为进给量。铣削中的进给量根据具体情况，有三种表达和度量方法。

1）每转进给量 f。铣刀每转一周，在进给运动方向上相对工件的位移量，单位为 mm/r。

2）每齿进给量 f_z。铣刀每转过一个齿，在进给运动方向上相对工件的位移量，单位为 mm/z。

3）每分钟进给量 v_f。铣刀每旋转 1min，在进给运动方向上相对工件的位移量，又称为进给速度，单位为 mm/min。

三种进给量的关系为

$$v_f = fn = f_z zn$$

式中　n——铣刀（或铣床主轴）转速（r/min）；

　　　z——铣刀齿数。

（3）背吃刀量与铣削宽度 背吃刀量 a_p 是指平行于铣刀轴线方向上测得的切削层尺寸，单位为 mm。

铣削宽度 a_e 是指在垂直于铣刀轴线方向、工件进给方向上测得的切削层尺寸，单位为 mm。

铣削时，由于采用的铣削方法和选用的铣刀不同，背吃刀量和铣削宽度的表示也不同。图 2-68 所示为圆柱形铣刀进行圆周铣与用面铣刀进行端铣时，背吃刀量与铣削宽度的表示。

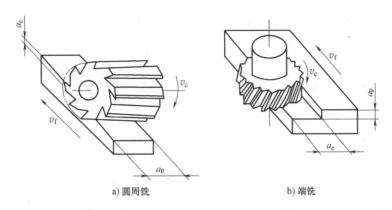

a) 圆周铣　　　　　　　　　　b) 端铣

图 2-68　圆周铣与端铣时的铣削用量

（4）铣削用量的选择　铣削用量的选择原则是在保证加工质量的前提下，充分发挥铣床的工作效能和铣刀的切削性能，确保工件加工表面的尺寸精度和表面粗糙度值要求，确保工艺系统的承载能力和铣刀刀具有合理的使用寿命。一般优先选择尽可能大的铣削深度，其次选择较大的进给量，最后再选择铣削速度。

2. 铣削方式

（1）顺铣与逆铣　铣削时，铣刀的旋转方向与工件的进给方向相同，称为顺铣；铣刀的旋转方向与工件的进给方向相反，称为逆铣，如图 2-69 所示。

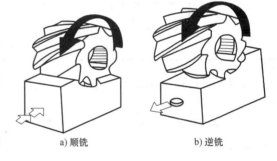

a) 顺铣　　　　　b) 逆铣

图 2-69　顺铣与逆铣

　　　　提示：圆周铣简称周铣，是利用分布在铣刀圆柱面上的切削刃来铣削并形成平面的一种加工方式；端铣是利用分布在铣刀端面上的切削刃来铣削并形成平面的一种加工方式。

（2）圆周铣时的顺铣与逆铣　圆周铣时的顺铣与逆铣特点见表 2-10。

表 2-10　圆周铣时的顺铣与逆铣特点

	圆周铣时的顺铣	圆周铣时的逆铣
优点	1) 铣刀对工件的作用力在垂直方向的分力始终向下，对工件起压紧作用，因此铣削时较平稳 2) 铣刀切削刃切入工件时的切削厚度最大，并逐渐减小到零。切削刃切入容易，且铣刀后面与已加工表面的挤压、摩擦小，切削刃磨损慢，加工出的工件表面质量较高 3) 在进给运动方面消耗，功率较小	1) 在铣刀中心进入工件端面后，切削刃沿已加工表面切入工件，铣削表面有硬皮的毛坯件时对铣刀切削刃损坏较小 2) 铣刀对工件的作用力在水平方向的分力与工件进给方向相反，铣削时不会拉动工作台

（续）

圆周铣时的顺铣	圆周铣时的逆铣
缺点　1）顺铣时，切削刃从工件的外表面切入工件，当工件表面有硬皮和杂质时，容易磨损和损坏刀具 2）顺铣时，铣刀对工件的作用力在水平方向的分力与工件进给方向相同，会拉动铣床工作台。当进给丝杠与螺母的间隙较大或轴承的轴向间隙较大时，工作台会产生间歇性窜动，导致铣刀刀齿折断、铣刀杆弯曲、工件与夹具产生位移，甚至机床损坏等严重后果	1）逆铣时，铣刀对工件的作用力在垂直方向的分力始终向上，因此，对工件需要施以较大的夹紧力 2）逆铣时，切削刃切入工件时的切削厚度为零，并逐渐增到最大，因此切入时铣刀后面与工件表面的挤压、摩擦相对严重，加速了刀齿磨损，降低了铣刀寿命；工件加工表面产生硬化层，降低工件表面的加工质量 3）逆铣时，消耗在进给运动方面的功率较大

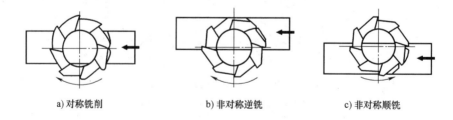

综合上述比较，在铣床上进行圆周铣时，一般都采用逆铣。但在下列情况下，应选用顺铣：

1）工作台丝杠、螺母传动副有间隙调整机构，并将轴向间隙调整到足够小（0.03～0.05mm）。

2）F_c 在水平方向的分力 F_f 小于工作台与导轨之间的摩擦力。

3）铣削不易夹紧的薄而细长的工件。

（3）端铣时的顺铣与逆铣　端铣时，根据铣刀和工件的相对位置，分为对称铣削和非对称铣削，如图2-70所示。

a）对称铣削　　　　b）非对称逆铣　　　　c）非对称顺铣

图2-70　对称铣削和非对称铣削

1）对称铣削。铣削层宽度在铣刀轴线的两边各一半，刀齿切入、切出的切削厚度相同。铣刀的一边为进刀部分，铣削厚度由小到大，是逆铣；铣刀的另一边为出刀部分，铣削厚度由大到小，是顺铣。这种对称的铣削方式作用在工件上的纵向分力大小相等，方向相反，工作台的进给方向不会产生突然拉动的现象。但工作台横向进给方向上的分力较大，可能使工作台横向窜动。因此，对称铣削主要用于铣削短而宽或较厚的工件。

2）非对称铣削。铣削层的宽度在铣刀轴线的一边，刀齿切入、切出的厚度不相同。它又分为非对称逆铣和非对称顺铣，通常采用非对称逆铣。

五、铣削方法

1. 铣垂直面和平行面

垂直面是指与基准面垂直的平面，平行面是指与基准面平行的平面。

铣削垂直面、平行面前，应先加工基准面，而保证垂直面、平行面加工精度的关键，是工件的正确定位与装夹。垂直面和平行面的铣削要点见表2-11。

表2-11　铣垂直面和平行面的铣削要点

	操作条件	图示	操作要点
铣垂直面	在卧式铣床上用圆柱形铣刀铣垂直面	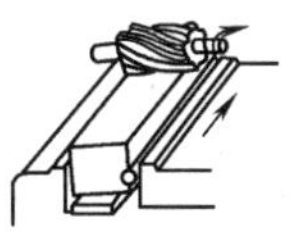 固定钳口与主轴轴线垂直 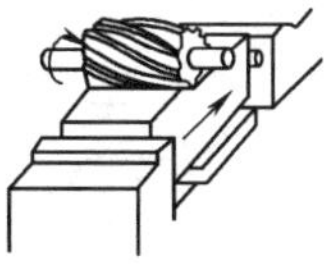　固定钳口与主轴轴线平行	工件基准面靠向平口钳固定钳口，为了保证基准面与固定钳口的良好贴合，夹紧工件时可在活动钳口与工件间放一圆棒
		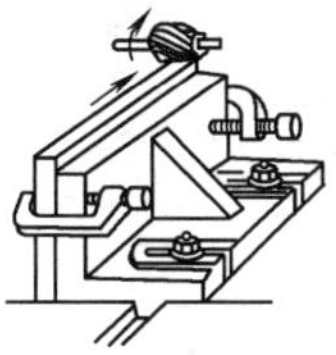	当工件较大，不能用平口钳定位夹紧时，可使用角铁装夹工件，保证基准面垂直于工作台台面
	在卧式铣床上用面铣刀铣垂直面	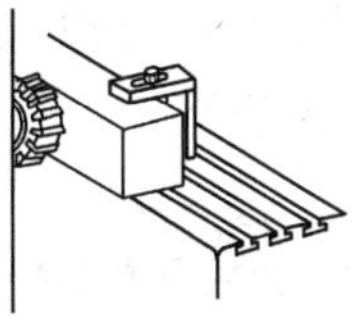	工件基准面紧贴工作台台面，工件用压板夹紧
	在立式铣床上用立铣刀铣削垂直面	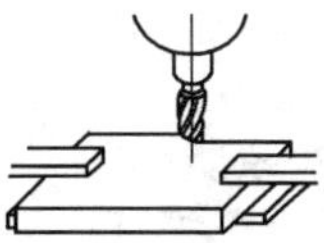	铣基准面宽而长、加工面较窄的垂直面时采用
铣平行面	用平口钳装夹工件铣平行面	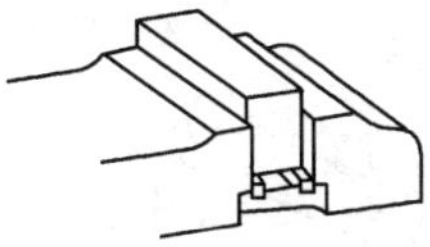	工件基准面靠向平口钳钳体导轨面，基准面与钳体导轨面之间垫两块厚度相等的平行垫块

（续）

操作条件		图示	操作要点
铣平行面	在立式铣床上用面铣刀铣平行面	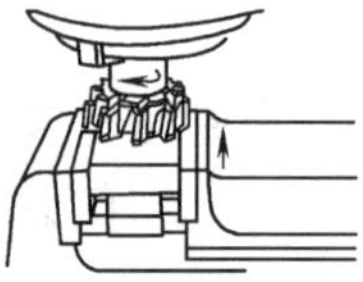	用平口钳装夹
	在立式铣床上用压板装夹铣平行面	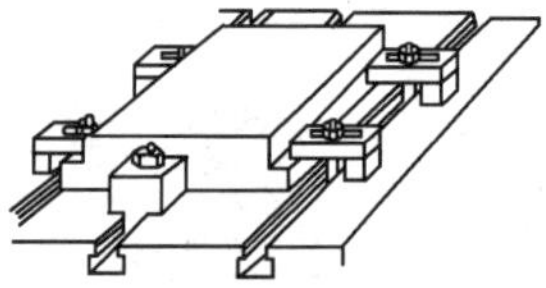	当工件有台阶时,可直接用压板将工件装夹在立式铣床工作台台面上,使基准面与工作台台面贴合,用面铣刀铣平行面
	在卧式铣床上用面铣刀铣平行面	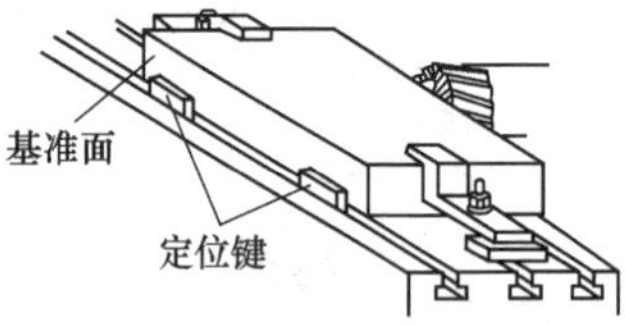 基准面 定位键	当工件没有台阶时,可在卧式铣床上用面铣刀铣平行面,工件装夹时可使用定位键定位,使基准面与纵向进给方向平行

2. 铣斜面

铣削斜面时,工件、铣床与刀具之间的关系必须满足两个条件:一是工件的斜面应平行于铣削时铣床工作台的进给方向;二是工件的斜面应与铣刀的切削位置相吻合,即用圆周刃铣刀铣削时,斜面与铣刀的外圆柱面相切;用面铣刀铣削时,斜面与铣刀切削刃端面相重合。斜面的铣削要点见表2-12。

表 2-12　铣床上铣削斜面的方法

方法		图示	说明
工件倾斜铣斜面	按划线校正装夹工件	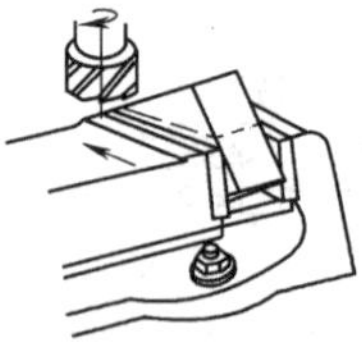	常用于单件生产中
	用倾斜垫铁定位工件	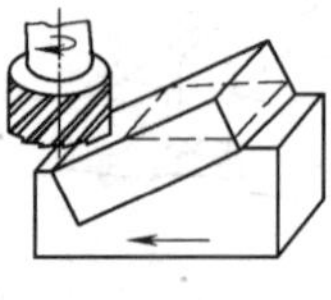	用于成批生产中,用平口钳装夹铣斜面,倾斜垫铁的宽度应小于工件的宽度

（续）

方法		图示	说明
工件倾斜铣斜面	用靠铁装夹工件	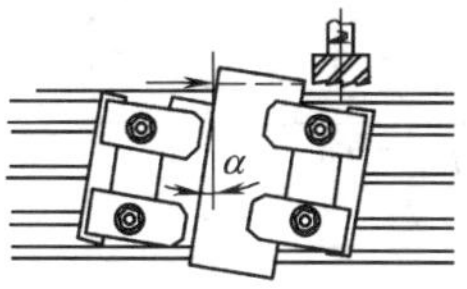	用于外形尺寸较大的工件,将工件的一个侧面靠向靠铁的基准面,用压板夹紧,用面铣刀铣出斜面
	调转钳体角度	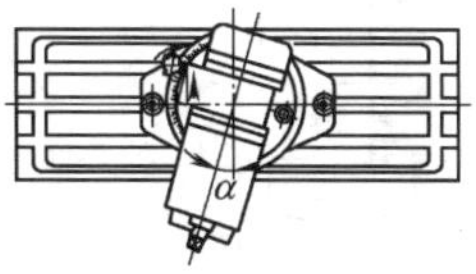 斜面与横向进给方向平行 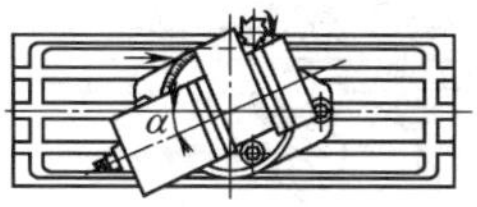 斜面与纵向进给方向平行	工件用平口钳装夹,然后将平口钳钳体调转所需角度后,用立铣刀或面铣刀铣出斜面
铣刀倾斜铣斜面		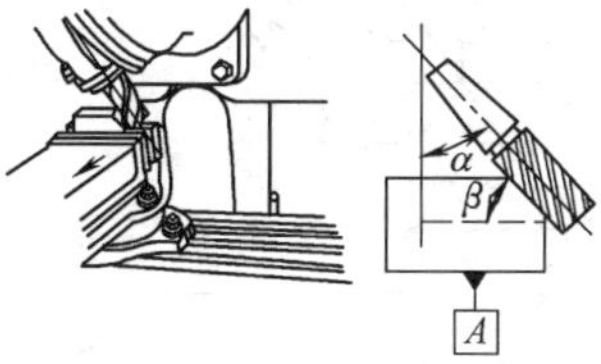 工件基准面与工作台台面平行 $\alpha=90°-\beta$ 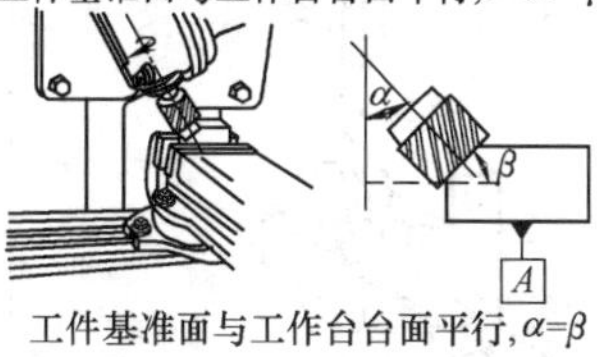 工件基准面与工作台台面平行, $\alpha=\beta$	在立铣头主轴可偏转角度的立式铣床、装有立铣头的卧式铣床、万能工具铣床上,均可将立铣刀、面铣刀按要求偏转一定角度,进行斜面铣削
用角度铣刀铣斜面		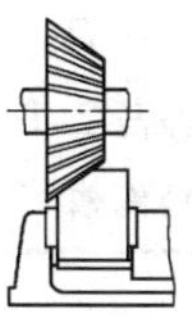 铣单斜面 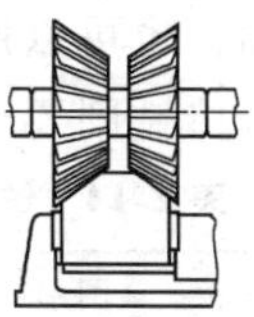　　铣双斜面	斜面的倾斜角度由角度铣刀保证,受铣刀切削刃宽度的限制,用角度铣刀铣削斜面只适用于宽度较窄的斜面

3. 铣台阶

零件上的台阶,根据其结构、尺寸不同,采用不同的加工方法,其铣削要点见表2-13。

表 2-13 铣台阶

方法		图示	说明
用三面刃铣刀铣台阶	用一把三面刃铣刀	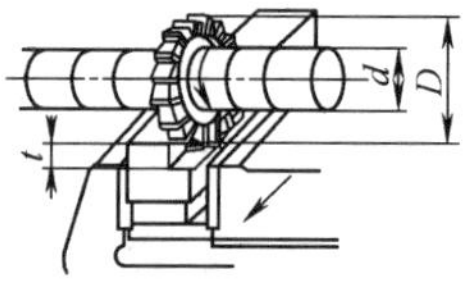	三面刃宽度 L 和直径 D 应满足：$L > D; D > d + 2t$
		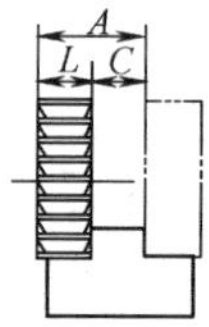	铣完一侧的台阶后，退出工件，再将工作台横向移动一个距离，然后铣另一侧台阶，$A = L + C$
	用两把三面刃铣刀组合	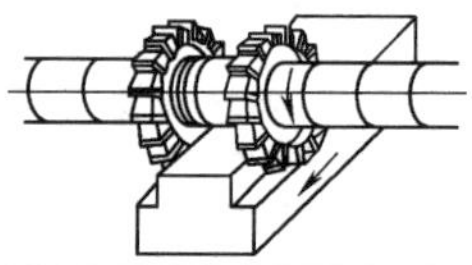	两把三面刃铣刀必须规格一致，直径相同，两铣刀内侧切削刃间距应等于台阶的宽度尺寸。装刀时应将两铣刀在周向错开半个齿，以减小铣削中的振动
用面铣刀铣台阶		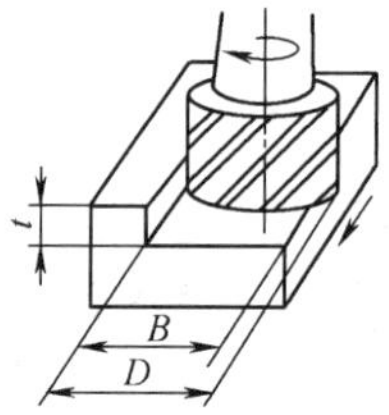	宽度较宽而深度较浅的台阶，常使用面铣刀在立式铣床上加工。由于面铣刀刀杆刚度大，铣削时切削厚度变化小，切削平稳，加工表面质量好，生产率高。面铣刀的直径 D 应大于台阶宽度 B，一般按 $D = (1.4 \sim 1.6)B$ 选取
用立铣刀铣台阶		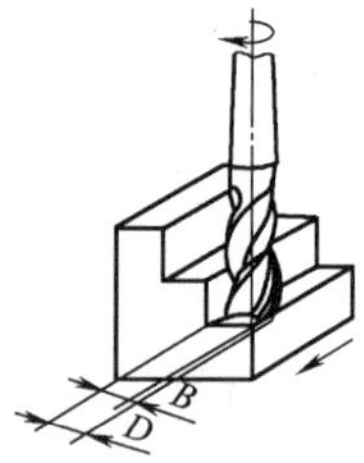	深度较深的台阶或多级台阶，常用立铣刀在立式铣床上加工。铣削时，立铣刀的圆周切削刃起主要切削作用，端面切削刃起修光作用。由于立铣刀刚度差，悬伸较长，受径向铣削抗力容易产生偏让而影响加工质量，所以铣削时应选用较小的铣削用量。在条件许可的情况下，应尽量选用直径较大的立铣刀

4. 铣直角沟槽

直角沟槽主要用三面刃铣刀铣削，也可以用立铣刀、盘形槽铣刀等铣削；半通槽和封闭槽都采用立铣刀或键槽铣刀铣削。具体铣削要点见表 2-14。

表 2-14 铣直角沟槽

方法	图示	说明
用三面刃铣刀铣直角沟槽	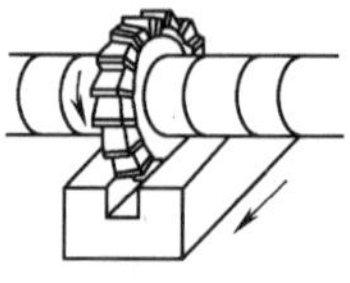	三面刃铣刀的宽度 L 应等于或小于直角沟槽宽 B，即 $L \leqslant B$。三面刃铣刀的直径 D，根据公式 $D > d + 2H$ 计算，并按较小的直径选取

（续）

方法	图示	说明
用三面刃铣刀铣直角沟槽	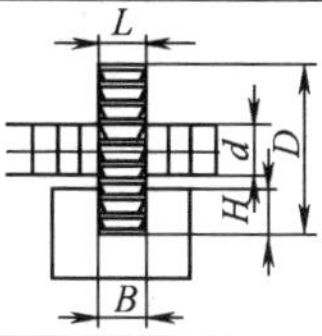	三面刃铣刀的宽度 L 应等于或小于直角沟槽宽 B，即 $L \leq B$。三面刃铣刀的直径 D，根据公式 $D > d + 2H$ 计算，并按较小的直径选取
用立铣刀铣半通槽和封闭槽	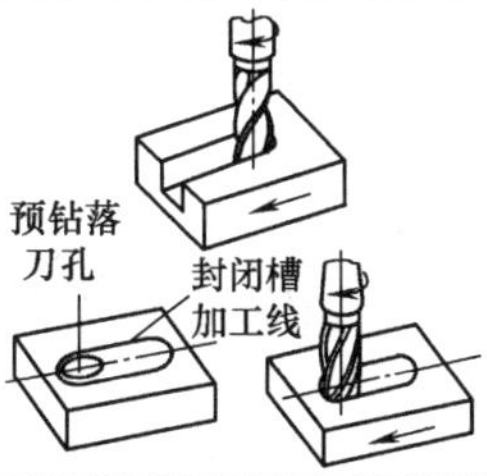 预钻落刀孔　封闭槽加工线	立铣刀直径等于或小于槽的宽度。用立铣刀铣封闭槽时，由于立铣刀不能轴向进给切削工件，因此铣削前应预钻一个直径略小于立铣刀直径的落刀孔
用键槽铣刀铣半通槽和封闭槽	—	键槽铣刀的尺寸精度高，常用来铣精度要求较高、深度较浅的半通槽和不穿通的封闭槽。由于其端面切削刃在轴向进给时切削工件，因此，用键槽铣刀铣穿通的封闭槽，不需要预钻落刀孔

任务实施

六、下模板座的铣削加工工艺

1）铣削六面体，控制（75±0.02）mm、136mm 及 25mm 尺寸。

2）划线，依次划出各要素线。

3）粗加工各圆弧并留适当余量。

4）使用回转工作台，上面装有机用平口钳，校正钳口平行度，按一端孔中心定位。

5）使用 ϕ8mm 立铣刀，加工长度尺寸（100±0.1）mm，保证与两端 R4mm 相切。

6）定位 ϕ10mm 孔圆心-定位横向工作台-移动纵向指针-校正 R18mm 圆弧，使用回转工作台铣削圆弧-铣削另一侧面。

7）铣削 R10mm 圆弧。

8）校正中心线，铣削键槽，先钻 ϕ10mm 落刀孔，再用 ϕ8mm 立铣刀加工，控制键槽长、宽及 R4mm 圆弧。

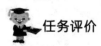

任务评价

任务评分表见表 2-15。

表 2-15　下模板座铣削加工评分表

项目	配分	考核标准	得分
加工前准备	10	工具、刀具、量具准备充分，少一种扣 2 分	
工艺制定	20	加工工艺制定合理，没有原则性错误，否则，酌情扣分	
零件加工	30	1）机床调整合理；2）铣削用量选择恰当；3）操作机床熟练。以上各项不合格酌情扣分	
精度检验	40	1）各项尺寸精度符合图样要求；2）自由公差在 ±0.1mm 以内；3）平行度、垂直度控制在 ±0.1mm 以内；4）表面粗糙度符合图样要求。以上各项不合格酌情扣分	

（续）

项目	配分	考核标准	得分
安全文明操作		违反安全文明操作规程酌情扣 10~20 分	
工时定额 300min		超时 10min 扣 5 分,超时 20min 不得分	

复习与思考

1. 什么是铣削？在铣床上可以进行哪些铣削工作？

2. 卧式升降台式铣床的结构特点是什么？

3. 如何对平口钳进行安装与校正？

4. 铣床上常用的工件装夹方法有哪些？

5. 铣刀按用途分为哪几类？哪些铣刀可用来铣削平面？

6. 铣削用量的要素包括哪些？

7. 进给量有哪几种表述和度量的方法？它们的关系怎样？

8. 圆周铣与端铣中，铣削宽度和背吃刀量如何确定？

9. 什么是顺铣？什么是逆铣？各有什么特点？如何选用？

10. 铣削倾斜平面时，工件、铣床、铣刀之间的关系应满足什么条件？

11. 如何安装与校正平口钳？

12. 简述斜面的铣削方法。

任务4　模具零件磨削加工

任务描述

　　校办工厂接到某模具厂送来的一批导柱和垫板零件需要磨削，如图 2-71、图 2-72所示，材料分别为 T8A 和 Q235。

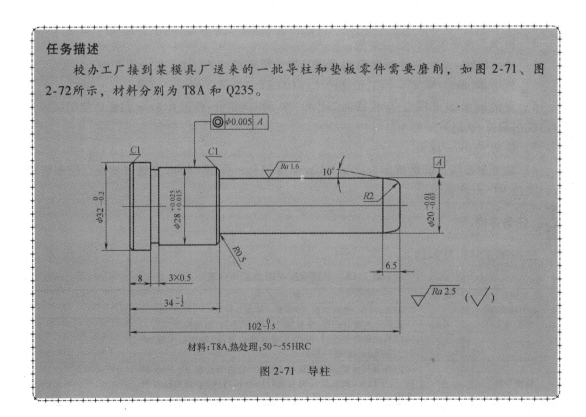

图 2-71　导柱

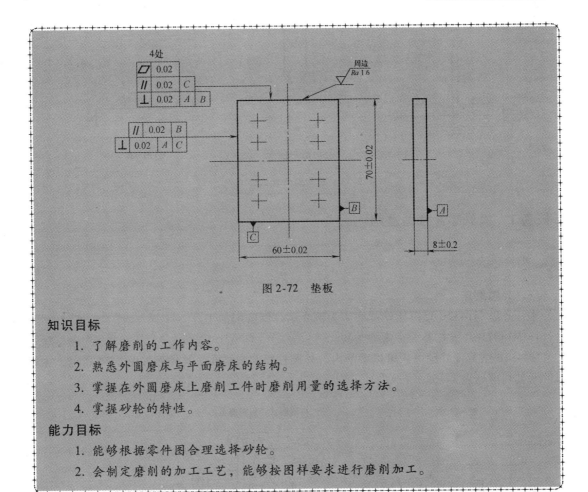

图 2-72 垫板

知识目标

1. 了解磨削的工作内容。
2. 熟悉外圆磨床与平面磨床的结构。
3. 掌握在外圆磨床上磨削工件时磨削用量的选择方法。
4. 掌握砂轮的特性。

能力目标

1. 能够根据零件图合理选择砂轮。
2. 会制定磨削的加工工艺，能够按图样要求进行磨削加工。

磨削是用磨具以较高的线速度对工件表面进行加工的方法。

磨削在磨床上进行，常用的磨床有外圆磨床、内圆磨床、平面及端面磨床和工具磨床等。

磨削时，砂轮的回转运动是主运动，根据不同的磨削内容，进给运动可以是砂轮的轴向、径向移动，工件的回转运动，工件的纵向、横向移动等。

磨削的加工范围很广，主要有磨外圆，磨内圆（磨孔），磨内、外圆锥面，磨平面，磨成形面，磨螺纹，磨齿轮，以及磨花键、曲轴和各种刀具等，如图 2-73 所示。

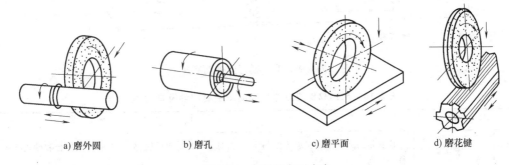

a) 磨外圆   b) 磨孔   c) 磨平面   d) 磨花键

图 2-73 磨削的主要内容

e) 磨螺纹　　　　　f) 磨齿轮　　　　　g) 磨导轨

图 2-73　磨削的主要内容（续）

子任务 1　模具零件外圆磨削

相关知识

一、外圆磨床

本任务以 M1432B 型万能外圆磨床为例介绍外圆磨削加工。

1. M1432B 型万能外圆磨床的结构

M1432B 型万能外圆磨床可以磨削内、外圆柱面和圆锥面。其外形如图 2-74 所示，主要部件及其功用见表 2-16。

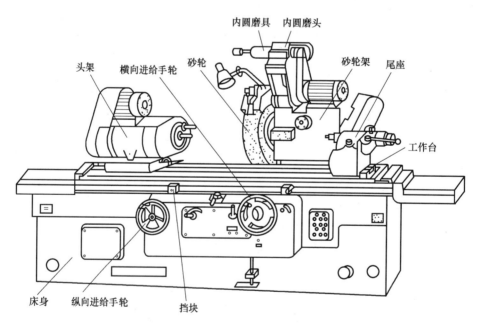

图 2-74　M1432B 型万能外圆磨床

表 2-16　M1432B 型万能外圆磨床主要部件及其功用

序号	部件名称	功　用
1	床身	床身是磨床的基础支承部件,上面有纵向导轨和横向导轨,分别为磨床工作台和砂轮架的移动导向

（续）

序号	部件名称	功　用
2	头架	头架主轴与卡盘连接或安装顶尖,用以装夹工件。头架主轴由头架上的电动机经带传动、头架内的变速机构带动回转,实现工件的圆周进给,共有 25~224r/min 6 级转速。头架可绕垂直轴线逆时针回转 0°~90°
3	砂轮架	砂轮架用以支承砂轮主轴,可沿床身横向导轨移动,实现砂轮的径向进给。砂轮的径向进给量可以通过手轮手动调节。安装于主轴的砂轮由独立的电动机通过带传动使其回转,转速为 1670r/min。砂轮架可绕垂直轴线回转 -30°~+30°
4	工作台	工作台由上、下两层组成,上层可绕下层中心轴线在水平面内顺(逆)时针回转 3°(6°),以便磨削小锥角的长锥体工件。工作台上层用以安装头架和尾座,工作台下层连同上层一起沿床身纵向导轨移动,实现工件的纵向进给。纵向进给可通过手轮调节。工作台的纵向进给运动由床身内的液压传动装置驱动
5	尾座	尾座套筒内安装尾顶尖,用以支承工件的另一端。后端装有弹簧,利用可调节的弹簧力顶紧工件,也可以在长工件受磨削热影响而伸长或弯曲变形的情况下便于工件装卸。装卸工件时,可采用手动或液动方式使尾座套筒缩回
6	内圆磨头	其上装有内圆磨具,用来磨削内圆。它由专门的电动机经平带带动其主轴高速回转,实现内圆磨削的主运动。不用时,内圆磨头翻转到砂轮架上方,磨内圆时将其翻下使用

　　2. M1432B 型万能外圆磨床的运动

　　（1）主运动　磨削外圆时为砂轮的回转运动；磨内圆时为内圆磨头磨具（砂轮）的回转运动。

　　（2）进给运动

　　1）工件的圆周进给运动,即头架主轴的回转运动。

　　2）工作台的纵向进给运动,由液压传动实现。

　　3）砂轮架的横向进给运动,为步进运动。

二、砂轮

1. 砂轮的组成

砂轮由磨料、结合剂和气孔三部分组成,称为砂轮组成三要素,如图 2-75 所示。

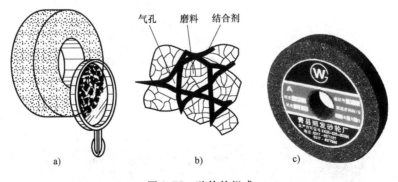

图 2-75　砂轮的组成

　　2. 砂轮的特性

　　砂轮的特性由磨料、粒度、结合剂、硬度、组织、形状和尺寸、强度这七个要素来衡量。一般应根据实际的磨削要求合理选择和使用砂轮。

（1）磨料　磨具（砂轮）中磨粒的材料称为磨料。磨料经压碎后，成为各种粗细不同且具有锐利锋口的磨粒，它是砂轮的主要成分，是砂轮产生切削作用的根本要素。由于磨削时要承受强烈的挤压、摩擦和高温作用，所以磨料应具有极高的硬度、耐磨性、耐热性、韧性和化学稳定性。

提示：制造砂轮的磨料，按成分一般分为氧化物、碳化物和超硬材料三类。

（2）粒度　表示磨粒颗粒尺寸大小的参数称为粒度。按磨料基本颗粒大小，共规定有41个粒度号。

磨料粒度影响磨削的质量和生产率。粒度的选择主要根据加工的表面粗糙度要求和加工材料的力学性能。一般来说，粗磨时选用粗粒度，精磨时选用细粒度；磨削质软、塑性大的材料宜选用粗粒度，磨削质硬、脆性材料选用细粒度。

（3）结合剂　结合剂是用来将分散的磨料颗粒黏结成具有一定形状和足够强度的磨具的材料。

结合剂的种类和性质将影响砂轮的硬度、强度、耐蚀性、耐热性及抗冲击性等。

用于制造砂轮的结合剂主要是陶瓷结合剂（代号 V）、树脂结合剂（代号 B）和橡胶结合剂（代号 R）。

（4）硬度　结合剂黏结磨料颗粒的牢固程度称为砂轮的硬度，它表示砂轮在外力（磨削抗力）作用下磨料颗粒从砂轮表面脱落的难易程度。砂轮的硬度及等级代号见表 2-17。

砂轮的硬度对磨削的加工精度和生产率有很大的影响。通常磨削硬度高的材料选用软砂轮，以保证磨钝的磨粒及时脱落；磨削硬度低的材料选用硬砂轮，以充分发挥磨粒的切削作用。

表 2-17　砂轮硬度及等级代号

砂轮的硬度等级代号				砂轮的硬度
A	B	C	D	极软
E	F	G	—	很软
H	—	J	K	软
L	M	N	—	中级
P	Q	R	S	硬
T	—	—	—	很硬
	Y	—	—	极硬

提示：砂轮的硬度与磨料的硬度是两个不同的概念，注意不要混淆。

（5）组织　砂轮的组织是指砂轮内部结构的疏密程度。

根据磨粒在整个砂轮中所占体积的比例不同，砂轮组织分为紧密（0～4）、中等（5～

8）和疏松（9～14）三大类，共 15 级，用组织号 0～14 表示。砂轮的组织及选用见表 2-18。

表 2-18　砂轮的组织及选用

砂轮组织的代号	0～4	5～8	9～14
砂轮的组织	紧密	中等	疏松
选用	精密磨削、成形磨削	一般磨削	磨削硬度低、韧性大的工件，或砂轮与工件接触面积大，或粗磨

（6）形状和尺寸　根据磨床的结构及磨削的加工需要，砂轮有各种形状和不同的尺寸规格，见表 2-19。

表 2-19　常用砂轮的名称、代号、几何形状及用途

名称	代号	断面图	基本用途
平形砂轮	1	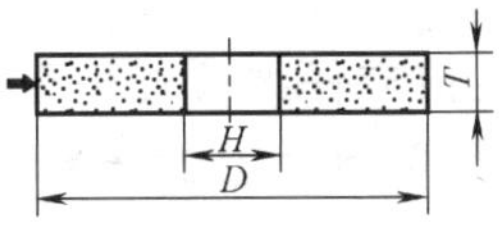	用于外圆、内圆、平面、无心磨削、刀具刃磨和螺纹刃磨
筒形砂轮	2	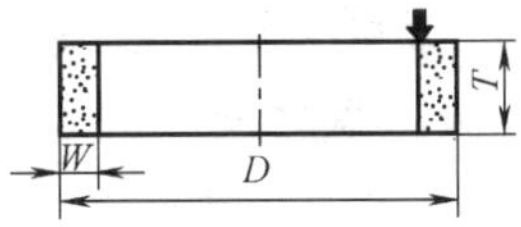	用于立式平面磨床上磨平面
单斜边砂轮	3	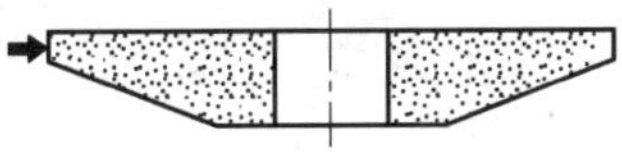	用于工具磨削,如刃磨铣刀、铰刀、插齿刀等
双斜边砂轮	4	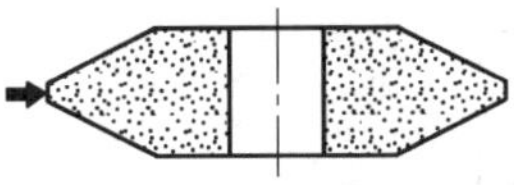	用于磨削齿轮齿面和单线螺纹等
杯形砂轮	6	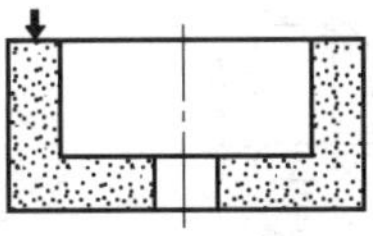	主要用于刃磨铣刀、铰刀和拉刀等,也可用于磨平面和内圆
双面凹一号砂轮	7	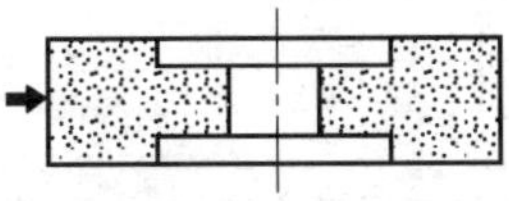	主要用于外圆磨削和刃磨刀具,还用作无心磨削的导轮和磨削轮
碗形砂轮	11	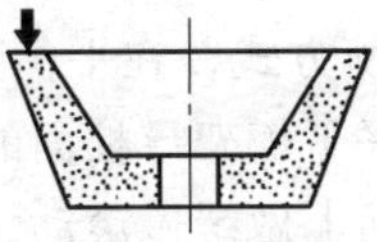	应用范围广,主要用于刃磨铣刀、铰刀、拉刀和盘形车刀等,也可用于磨机床导轨
碟形一号砂轮	12a	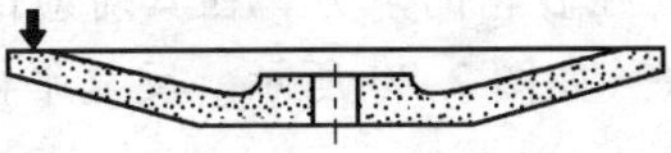	用于刃磨铣刀、铰刀、拉刀和其他刀具,大尺寸的一般用于磨削齿轮面

（续）

名称	代号	断面图	基本用途
薄片砂轮	41		用于切断和开槽等

（7）强度 砂轮的强度是指在惯性力作用下，砂轮抵抗破碎的能力。砂轮的强度通常用最高工作速度（也称安全圆周速度）表示，其单位为 m/s。

> 提示：砂轮回转时产生的惯性力，与砂轮的圆周速度的平方成正比。

3. 砂轮的安装、平衡与修整

（1）砂轮的安装 因砂轮的转速很高，安装前应仔细检查是否有裂纹。检查时，将砂轮用绳索穿过内孔，吊起悬空，用木棒轻轻敲击其侧面（图2-76），声音清脆为完好；若声音嘶哑，则说明有裂纹。

直径较大的砂轮均用法兰盘安装。法兰盘的底盘和压盘直径必须相同，若直径不同则夹紧力不同（图2-77），容易将砂轮压裂。砂轮与法兰盘之间应放置 0.5~1.0mm 的弹性衬垫，如图2-78所示。

> 提示：直径较小的砂轮使用黏结剂紧固。

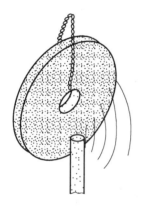

图2-76 检查砂轮裂纹   图2-77 法兰盘直径不同受力图   图2-78 放置弹性衬垫

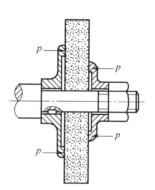
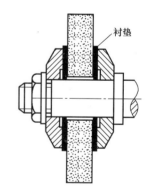

（2）砂轮的平衡 砂轮的平衡一般采取静平衡方式，在平衡架上进行。图2-79所示为常用的圆棒导轨式平衡架。平衡时先用水平仪校平平衡架导柱面的水平位置，砂轮装于平衡心轴上，将平衡心轴连同砂轮放置在平衡架导柱面上做缓慢滚动，不平衡的砂轮则会在导柱上来回摆动，直至静止，此时其不平衡必处在砂轮的下方，在其对应的上方砂轮上做一记号，并在法兰盘的槽内相应部位安装平衡块，如图2-80所示。反复平衡调整直至砂轮平衡为止。

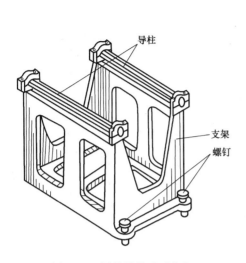

图 2-79 圆棒导轨式平衡架

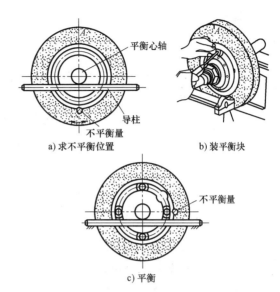

a) 求不平衡位置　　　b) 装平衡块

c) 平衡

图 2-80 砂轮平衡的方法

（3）砂轮的修整　用砂轮修整工具将砂轮工作表面已磨钝的表层修去，以恢复砂轮的切削性能和正确几何形状的过程称为砂轮的修整。砂轮的修整一般用金刚石笔（用大颗粒金刚石镶焊在特制的刀杆上制成）"车削"砂轮工作面，如图 2-81 所示。修整层厚度约为 0.1mm。

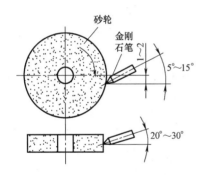

图 2-81 金刚石笔修整砂轮

图 2-82 工件在两顶尖间装夹

三、工件装夹

在外圆磨床上磨削，工件一般用两顶尖或卡盘装夹。

1. 用两顶尖装夹

如图 2-82 所示，这是外圆磨床最常用的装夹方法。这种方法装夹方便，定位精度高。两顶尖固定在头架主轴和尾座套筒的锥孔中，磨削时顶尖不旋转，这样头架主轴和径向圆跳动误差及顶尖本身的同轴度误差就不再对工件的旋转运动产生影响，尾座顶尖又依靠弹簧顶紧工件，使工件与顶尖始终保持适当的松紧程度，所以能获得较高的圆度和同轴度。

2. 用卡盘装夹

在万能外圆磨床上，利用卡盘在一次装夹中磨削工件的外圆和内孔，可以保证它们有较高的同轴度。

四、外圆磨削方法

1. 磨削用量

外圆磨削的磨削用量如图 2-83 所示，包括磨削速度、背吃刀量、纵向进给量和工件的圆周速度。

（1）磨削速度 v_c 磨削速度 v_c 又称砂轮的圆周速度 $v_砂$，为砂轮外圆表面上任一磨粒在 1s 内所通过的路程，即

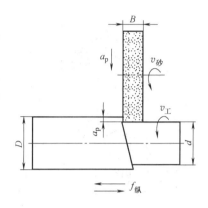

图 2-83 磨削运动和磨削用量

$$v_c = \frac{\pi D_o n_o}{1000 \times 60}$$

式中 v_c——磨削速度（m/s）；

D_o——砂轮直径（mm）；

n_o——砂轮转速（r/min）。

砂轮的线速度很高，一般磨床的砂轮主轴只有一种速度，一般为 30 ~ 50m/s。

 提示：磨削时随着砂轮直径的磨损减小，圆周速度变小，砂轮的磨削性能变差，直接影响磨削质量，此时应及时更换砂轮。

（2）背吃刀量 a_p 对于外圆磨削，背吃刀量又称横向进给量，即工作台每次纵向往复行程终了时，砂轮在横向移动的距离。背吃刀量大，生产率高，但对磨削精度和表面粗糙度不利。一般粗磨外圆时，a_p 取 0.01 ~ 0.025mm；精磨外圆时，a_p 取 0.005 ~ 0.015mm。

（3）纵向进给量 f 外圆磨削时，纵向进给量是指工件每回转一周，沿自身轴线方向相对砂轮移动的距离。纵向进给量 $f_纵$ 受砂轮厚度的约束。

$$f_纵 = KB$$

式中 $f_纵$——纵向进给量（mm/r）；

K——进给系数，精磨时取 0.4 ~ 0.8，精磨时取 0.2 ~ 0.4；

B——砂轮的厚度（mm）。

（4）工件的圆周速度 v_w 工件的圆周速度又称为工件的圆周进给速度，是指圆柱面磨削时，工件待加工表面的线速度，即

$$v_w = \frac{\pi D_w n_w}{1000}$$

式中 v_w——工件的圆周速度（m/min）；

D_w——工件直径（mm）；

n_w——工件转速（r/min）。

粗磨时，v_w 一般取 20 ~ 85m/min；精磨时，v_w 一般取 15 ~ 50m/min。

2. 外圆柱面的磨削方法

在外圆磨床上磨削外圆柱面的方法见表 2-20。

表 2-20 外圆磨床磨削外圆柱面的方法

分类	图示	定义	特点
纵向磨削法	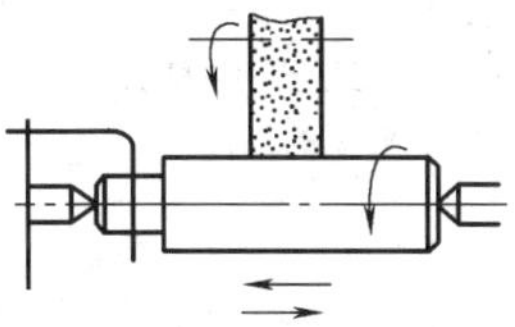	砂轮的高速回转为主运动,工件的低速回转和工作台的纵向往复直线运动为进给运动,实现对工件整个外圆表面的磨削。当每一次纵向往复行程终了时,砂轮按要求的背吃刀量做周期性的横向进给运动,直至达到所需的磨削深度	砂轮处于纵向进给方向一侧的磨粒担负主要切削作用,其他磨粒只起减小表面粗糙度值的修光作用。因此,磨削力小,散热条件好,但由于磨粒利用率低,背吃刀量小,机动时间长,生产率较低。适用于单件、小批量生产和有精磨要求的场合
横向磨削法	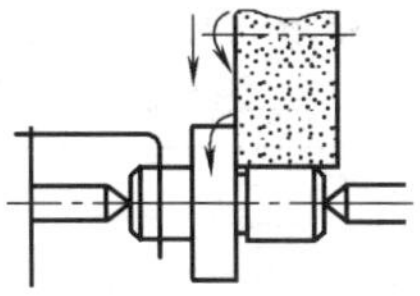	又称切入磨削法。磨削时,由于砂轮厚度大于工件被磨削的长度,工件无纵向进给运动。砂轮的高速回转运动为主运动,工件的低速回转运动为进给运动,同时砂轮以很慢的速度连续或间断地向工件横向进给,直至磨去全部余量	砂轮与工件接触长度内的磨粒均起切削作用,因此生产率较高,但由于接触面积较大,故磨削力和磨削热大,工件容易产生变形,甚至表面出现退火或烧伤现象,加工精度降低,表面粗糙度值增大。受砂轮厚度的限制,横向磨削法只适用于磨削长度较短的外圆表面、成形表面以及不能纵向进给的场合
综合磨削法	—	又称为分段磨削法。它是横向磨削与纵向磨削的综合。磨削时,先采用横向磨削法分段精磨外圆,并留有磨削余量,然后再用纵向磨削法精磨到规定尺寸	综合磨削法既有纵向磨削法加工精度高的优点,又有横向磨削法生产率高的优点。分段磨削时,相邻两段间应留有 3~5mm 的重叠,以保证各段外圆衔接好。这种磨削法适用于磨削余量大和刚性好的工件
深度磨削法	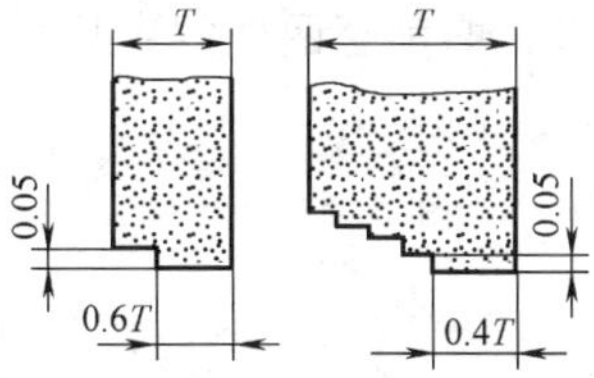 双阶梯砂轮　　五阶梯砂轮	这种磨削法与纵向磨削法相同,但需要把砂轮修整成阶梯形。磨削时,采用较大的吃刀量,较小的纵向进给量,在一次进给中磨去工件大部分或全部磨削余量	砂轮各台阶的前端担负主要切削作用,后部起精磨、修光作用。台阶的数量及深度按磨削余量和工件的长度而定。深度磨削法适用于磨削余量和刚度较大的工件的批量生产。相应地也应选用刚度和功率较大的机床,并注意使用较小的纵向进给速度和较好的冷却液

3. 外圆锥面的磨削方法

在外圆磨床上磨削外圆锥面的方法见表 2-21。

表 2-21 外圆磨床磨削外圆锥面的方法

分类	图示	磨削方法	特点
转动工作台法	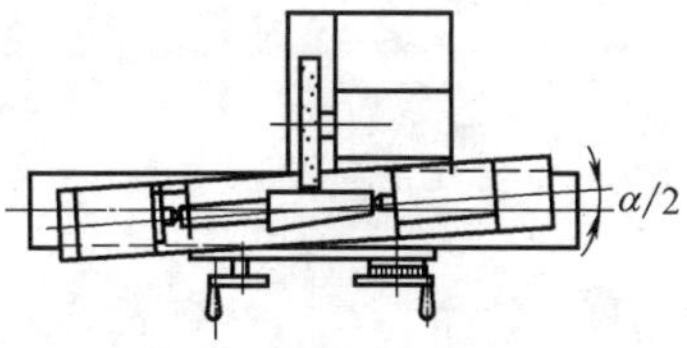	将工件装夹在前、后顶尖间,圆锥大端在前顶尖侧,小端在后顶尖侧,将磨床的上工作台相对下工作台逆时针偏转一个等于圆锥半角 $\alpha/2$ 的角度。磨削时,采用纵向磨削法或综合磨削法,从圆锥小端开始试磨	机床调整方便,工件装夹简单,精度容易控制,加工质量较好。但受工作台转动角度的限制,只能加工锥角不大的长圆锥面工件

（续）

分类	图示	磨削方法	特点
转动头架法		将工件装夹在头架卡盘中,头架逆时针转动圆锥半角 $\alpha/2$ 角度,磨削方法与转动工作台法相同	适合于磨削锥度较大和长度较短的工件
转动砂轮架法		将砂轮架偏转圆锥半角 $\alpha/2$ 角度,用砂轮的横向进给进行圆锥面磨削,磨削中工作台不允许纵向进给,如果锥面的素线长度大于砂轮厚度,则需要用分段接刀的方法进行磨削	磨削时不能做纵向移动,工件质量较差,角度调整麻烦,适用于锥度较大且长度较长的工件,须用两顶尖装夹

 **任务实施**

五、导柱零件的磨削工艺

1）使用自定心卡盘夹持 $\phi28mm$ 处（此处应用铜皮包裹，防止夹伤），$\phi32mm$ 一端伸进卡爪内。

2）校正 $\phi20mm$ 外圆，用百分表校正两端圆度，要求误差在 0.01mm 以内，粗、精磨至图样要求（此处粗磨采用横向磨削，精磨采用纵向磨削）。

3）转动头架磨削锥度。试磨、测量、调整，精磨至小端尺寸要求。

4）掉头，使用铜皮包裹，夹持 $\phi20mm$ 一端（此处已精磨，应特别注意保护），百分表校正 $\phi20mm$ 圆度，保证误差在 0.01mm 以内，保证同轴度要求，磨削至图样规定尺寸。

任务评价

任务评分表见表 2-22。

表 2-22 导柱零件的磨削加工评分表

项目	配分	考核标准	得分
加工前准备	10	工具、量具准备充分,少一种扣 2 分;砂轮选择合理,否则扣 5 分	
工艺制定	20	加工工艺制定合理,没有原则性错误,否则,酌情扣分	
零件加工	30	1)机床调整合理;2)磨削用量选择恰当;3)操作机床熟练。以上各项不合格酌情扣分	
精度检验	40	1)各项尺寸精度符合图样要求;2)自由公差在 ±0.1mm 以内;3)表面粗糙度值符合图样要求。以上各项不合格酌情扣分	
安全文明操作		违反安全文明操作规程酌情扣 10 ~20 分	
工时定额 300min		超时 10min 扣 5 分,超时 20min 不得分	

子任务 2 模具零件平面磨削

相关知识

常用的平面磨床按其砂轮轴线位置和工作台的结构特点，可分为卧轴矩台平面磨床、立轴矩台平面磨床、卧轴圆台平面磨床、立轴圆台平面磨床等几种类型，如图 2-84 所示。其中，卧轴矩台平面磨床应用最广。

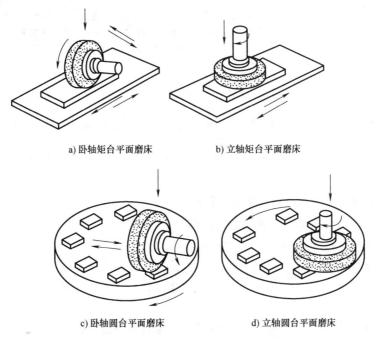

a) 卧轴矩台平面磨床　　　　　　b) 立轴矩台平面磨床

c) 卧轴圆台平面磨床　　　　　　d) 立轴圆台平面磨床

图 2-84　平面磨床的几种类型及其磨削运动

一、平面磨床

本任务以 M7130 型平面磨床为例介绍平面磨削加工。

1. M7130 型平面磨床的结构

M7130 型平面磨床的外形如图 2-85 所示，它由床身、立柱、工作台、磨头和修整器等主要部件组成，其主要部件的功用见表 2-23。

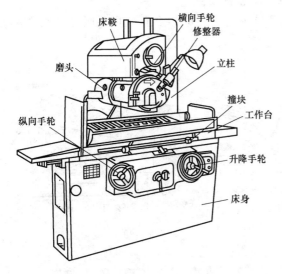

图 2-85　M7130 型平面磨床

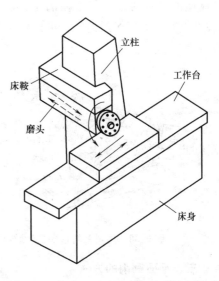

图 2-86　M7130 型平面磨床运动示意图

表 2-23　M7130 型平面磨床主要部件及其功用

序号	部件名称	功　　用
1	工作台	矩形工作台安装在床身的水平纵向导轨上,由液压传动系统实现纵向直线往复移动,利用撞块自动控制换向。工作台也可以用纵向手轮通过机械传动系统手动操纵往复移动或进行调整工作。工作台上装有电磁吸盘,用于固定、装夹工件或夹具
2	磨头	装有砂轮主轴的磨头可沿床鞍上的水平燕尾导轨移动,磨削时的横向步进给和调整时的横向连续移动,由液压传动系统实现,也可用横向手轮手动操纵。磨头的高低位置调整或垂直进给运动,由升降手轮操纵,通过床鞍沿立柱的垂直导轨移动实现

2. 平面磨床的运动

M7130 型平面磨床的运动如图 2-86 所示。

（1）主运动　磨头主轴上砂轮的回转运动。

（2）进给运动

1）工作台的纵向进给运动,由液压传动系统实现。

2）砂轮的横向进给运动,在工作台每一个往复行程终了时,由磨头沿床鞍的水平导轨横向步进实现。

3）砂轮的垂直进给运动,手动使床鞍沿立柱垂直导轨上下移动,用以调整磨头的高低位置和控制磨削深度。

二、工件的装夹

平面磨床上装夹工件的方法,需要根据工件的形状、尺寸和材料来决定。形状复杂、尺寸较大和非磁性材料,如铜、铜合金、铝等,可以用精密平口钳装夹,也可以用螺钉、压板直接装夹在磨床工作台上。钢、铸铁等磁性材料制造的具有两个平行平面的工件,一般用电磁吸盘装夹

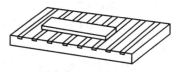

图 2-87　工件的装夹

（图 2-87）。磨削倾斜面时,可以用正弦精密平口钳（图 2-88）和正弦电磁吸盘（图 2-89）等装夹。

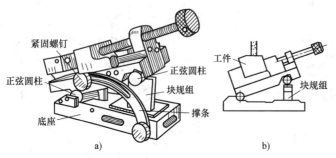

图 2-88　用正弦精密平口钳装夹磨削斜面

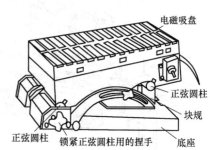

图 2-89　正弦电磁吸盘

三、平面磨削的方法

在平面磨床上磨削平面的方法见表 2-24。

表2-24 平面磨床磨削平面的方法

方法	图示	磨削方法	特点
横向磨削法	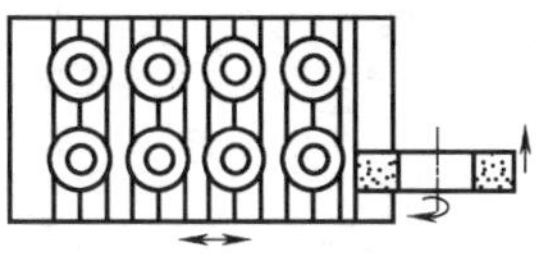 	每当工作台纵向行程终了时,砂轮主轴做一次横向进给,待工件表面上第一层金属被磨去后,砂轮再按预选磨削深度做一次垂直进给,以后按上述过程逐层磨削,直至切除全部磨削余量	砂轮与工件接触面积小,冷却和排屑条件较好。磨削热和工件的变形较小,砂轮不易塞实,但生产率较低。适于磨削长而宽的平面,也适于相同小件按序排列,作为集合磨削的场合
深度磨削法	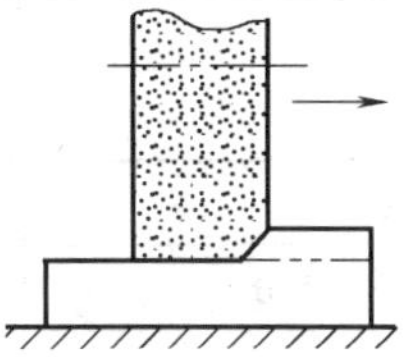	先粗磨将余量一次磨去(留精磨余量),粗磨时的纵向移动速度很慢,而横向进给量很大,约为(3/4~4/5)T(T为砂轮厚度)。然后再用横向磨削法精磨	垂直进给次数少,生产率高,仅适用在刚性好,动力大的磨床上磨削平面尺寸较大的工件或批量生产
阶梯磨削法	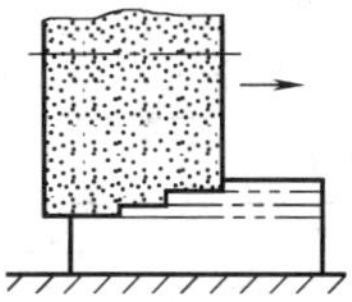	将砂轮厚度的前一半修成几个台阶,粗磨余量由这些台阶分别磨除,砂轮厚度的后一半用于精磨	生产率高,但磨削时横向进给量不能过大,能充分发挥砂轮的磨削性能,但砂轮修整较麻烦,其应用受到一定限制

任务实施

四、垫板零件的磨削工艺

1)磨 A 面达到平面度 0.02mm(用刀口直尺通过透光法测量),磨削对面至尺寸(8±0.02)mm,保证平行度公差 0.02mm。

2)去除工件表面的毛刺并将台面、工件基准面擦净;磨 B 面,保证自身平面度 0.02mm 及 A 面的垂直度公差 0.02mm。

3)将工件翻转90°,磨削平面 C,保证自身平面度 0.02mm,保证两平行面对 C 面的垂直度公差 0.02mm,及与邻面 B 的垂直度公差 0.02mm。

4)将基准面去除毛刺并将台面擦净,以 B 面为基准,磨 B 面的对面至尺寸(60±0.02)mm,并保证两面平行度误差不大于 0.02mm。

5)将基准面去除毛刺并将台面擦净,以 C 面为基准,磨 C 面的对面至尺寸(70±0.02)mm,并保证两面平行度误差不大于 0.02mm。

6)从工作台上取下工件,将所有棱边用磨石倒角去锐,表面擦净,全部尺寸及几何公差复检。

> 提示:在磨削尺寸为 60mm×70mm 的两平面时,因高度高,稳定性差,可用图2-90所示方法放置挡铁,辅助进行磨削,其高度不得小于工件高度的2/3。

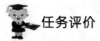**任务评价**

任务评分表见表2-25。

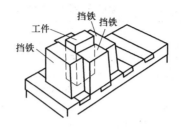

图 2-90　挡铁的作用

表 2-25　垫板零件的磨削加工评分表

项目	配分	考核标准	得分
(8 ± 0.02)mm	6	超差 0.005mm 扣 5 分	
(60 ± 0.02)mm	7	超差 0.005mm 扣 5 分	
(70 ± 0.02)mm	7	超差 0.005mm 扣 5 分	
平面度≤0.02mm	4×5	超差不得分	
平行度≤0.02mm	2×8	超差不得分	
垂直度≤0.02mm	4×8	超差不得分	
表面粗糙度值 Ra1.6μm	6×2	降级不得分	
安全文明操作		违反安全文明操作规程酌情扣 10～20 分	
工时定额 120min		超时 10min 扣 5 分,超时 20min 不得分	

复习与思考

1. 简述磨削加工的内容。

2. 砂轮由哪几部分组成? 衡量砂轮特性的要素有哪些?

3. 什么是磨料? 什么是磨粒? 制造砂轮的磨料有哪几类?

4. 什么是砂轮的粒度? 有多少个粒度号?

5. 砂轮的硬度与磨粒的硬度有什么不同?

6. 什么是砂轮的自锐性?

7. 外圆磨削的磨削用量包括哪些内容?

8. 在外圆磨床上磨削外圆有哪几种方法? 各适用于什么场合?

9. 平面磨床的进给运动有哪几种?

10. 在卧轴矩台平面磨床上磨削平面的方法有哪几种? 各有何特点?

项目3　模具零件钳加工

　　模具零件虽然大多以机床加工为主，但在一些特殊的场合以及一些特殊的模具零件加工中，特别是在模具零件的修配和装调工作中，钳加工以其设备简单、操作方便、技术成熟，能制造高精度的模具零件，在机械加工制造业中仍然发挥着重要的作用。

任务1　模具零件划线

任务描述

　　模具厂送来一批冲模凸模需要进行划线，如图3-1所示。材料为Q235，板料厚度为2mm。

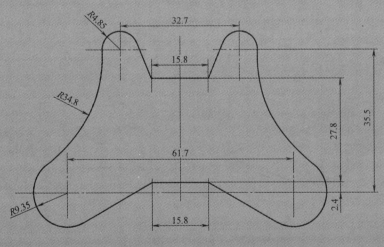

图3-1　冲模凸模

知识目标

1. 了解划线的种类。
2. 熟悉划线的作用。
3. 掌握平面与立体划线的方法。
4. 掌握划线时的安全操作规程。

能力目标

1. 能够正确识图。
2. 能够独立查阅各种划线资料。
3. 能与同伴合作正确制定划线工艺。
4. 能够根据毛坯材料进行找正与借料。
5. 会正确使用各种常用划线工具进行正确划线。
6. 能够逐步按照工厂要求做到按时、保质、保量交货。

 相关知识

划线是指根据图样要求，在毛坯或工件表面上用划线工具划出加工界线的操作。划线是制造模具零件过程中，在成形加工前的一道重要工序。划线一般分为平面划线（图 3-2a）和立体划线（图 3-2b）两种。

所谓立体划线，是指在几个互成不同角度的表面上划线能明确表示加工界线的操作。所谓平面划线，是指只在一个表面上划线即能明确表示加工界线的操作。

一、划线的作用

划线是一种复杂、细致而重要的工作，直接关系到产品质量的好坏。大部分的模具零件在加工过程中都要经过一次或多次划线，划线具有非常重要的作用。

1）确定工件的加工余量，使机械加工有明确的尺寸界线。
2）便于复杂工件在机床上安装，可以按划线找正定位。
3）能够及时发现和处理不合格的毛坯，避免加工后造成损失。
4）通过借料划线可使误差不大的毛坯得到补救。

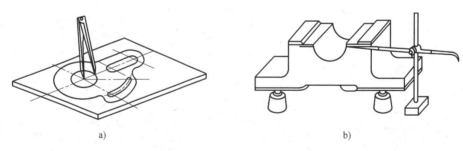

a)   b)

图 3-2 平面划线和立体划线

 提示：一般的划线精度能达到 $0.25 \sim 0.5$ mm，因此，通常不能依靠划线直接确定加工时的最后尺寸，而必须在加工过程中，通过测量来保证尺寸的准确度。

二、划线基准的选择

所谓划线基准，是指在划线时选择工件上的某个点、线、面作为依据，用它来确定工件

的各部分尺寸、几何形状及工件上各要素的相对位置。

　　合理选择划线基准是做好划线工作的关键。只有划线基准选择得当，才能提高划线质量和效率，提高零件的合格率。

　　划线时，应从划线基准开始。在选择划线基准时，应分析图样，找出设计基准，使划线基准与设计基准尽量一致，以减少加工过程中因基准不重合而产生的误差。

　　提示：设计基准是指在零件图上用来确定其他点、线、面位置的基准。

　　划线的基准一般有以下三种类型：

　　（1）以两个相互垂直的平面（或线）为基准　　如图3-3a所示，该零件大部分尺寸都是依据右侧面和底面来确定的，因此，把这两个相互垂直的平面作为划线基准。

　　（2）以一个平面与一条中心线为基准　　如图3-3b所示，该零件上高度方向的尺寸是以底面为依据而确定的，宽度方向的尺寸对称于中心线，因此，将底面和与之垂直的中心线作为划线基准。

　　（3）以两个相互垂直的中心线为基准　　如图3-3c所示，该零件形状分别对称于两条互相垂直的中心线，并且许多尺寸也分别从中心线开始标注。因此，这两条中心线就分别是这两个方向的划线基准。

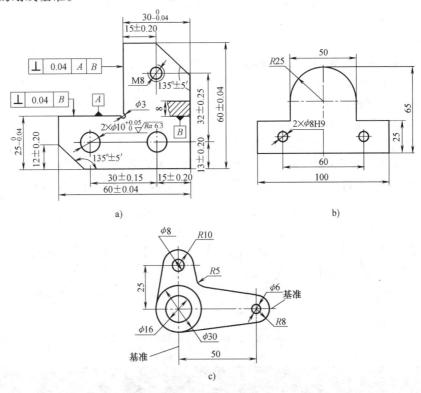

图 3-3　划线基准类型

　　　　提示：划线时在零件的每一个方向都需要选择一个基准，因此，平面划线时一般要选择两个划线基准，而立体划线时一般要选择三个划线基准。

三、找正与借料

立体划线在很多情况下是对铸、锻毛坯进行划线。各种铸、锻毛坯件可能有歪斜、偏心、壁厚不均匀等缺陷。当偏差不大时，可以通过找正或借料的方法来补救。

1. 找正

找正就是利用划线工具，使工件上的有关毛坯表面处于合适的位置。如图3-4所示的轴承座毛坯，内孔与外圆不同心，底面和上平面A不平行，厚度不均匀，划线前需要找正。找正时以外圆为依据找正内孔划线，以A面为依据找正底面划线，这样就达到内孔与外圆同心、底面与上平面厚度均匀一致的目的了。

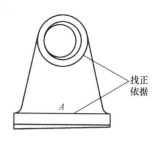

图3-4 轴承座毛坯的找正

找正的目的有以下几点：

1）毛坯上有不加工表面时，通过找正后划线，可以使加工表面与不加工表面各处尺寸均匀一致。

2）工件上有两个以上不加工表面时，以面积较大或重要的为找正依据，同时兼顾其他表面，可以将误差集中到次要或不显眼的部位上去。

3）工件均为加工表面时，按加工表面自身位置进行找正划线，可以使加工余量合理和均匀分布。

2. 借料

借料就是通过试划和调整，使各个加工面的加工余量合理分配，互相借用，从而保证各个加工表面都有足够的加工余量，而误差和缺陷可在加工后排除。如图3-5a所示圆环零件，若毛坯内孔和外圆有较大偏心，仅仅采用找正的方法无法划出合适的加工线，而采用借料的方法就可以进行补救了。

图3-5b所示是依据毛坯内孔找正划线，外圆加工余量不够；图3-5c所示是依据毛坯外圆找正划线，则内孔加工余量不够；图3-5d所示是首先判断借料的方向和大小，然后再向毛坯的右上方借料，这样就可以划出加工界线，而且使内、外圆均有一定的加工余量。

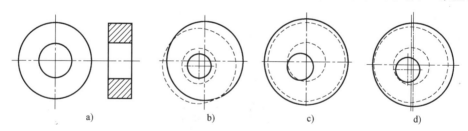

图3-5 圆环零件借料划线

提示：对于毛坯工件，划线前一般首先要做好找正工作，当找正后划线无法进行时，就要考虑借料划线。

四、常用划线工具及使用

1. 划线平台

划线平台又称划线平板，如图3-6所示，一般由铸铁或大理石制成，可根据需要做成不同的尺寸作为划线时的基准平面。

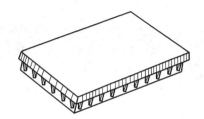

图 3-6 划线平台

提示：划线平台表面要保持清洁；工件在平台上要轻拿轻放；用后要擦拭干净并涂上防锈油。

2. 划线方箱

划线方箱多呈空心矩形体，有长形普通方箱（图 3-7a）和带夹持装置方箱（图 3-7b）两种。划线方箱的相邻平面相互垂直，相对平面互相平行，便于在工件上划出垂直线、平行线和水平线。

3. V 形铁

V 形铁又称 V 形块（图 3-8），通常是两个一起使用，也可以单独使用。划线时用来安放轴套类、圆盘类工件。

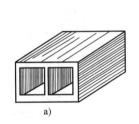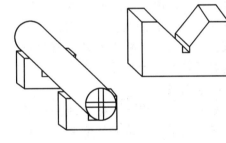

a)   b)

图 3-7 划线方箱   图 3-8 V 形铁

4. 划针

划针用来在工件上划线条，一般用弹簧钢丝或高速钢制成，直径为 3.5mm，尖端磨成 $15° \sim 20°$ 的尖角，并经热处理淬硬，如图 3-9a 所示。

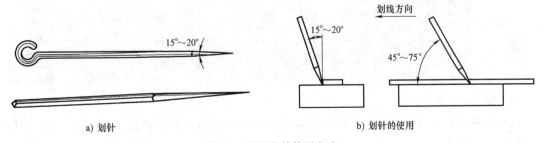

a）划针   b）划针的使用

图 3-9 划针及其使用方法

划针常与钢直尺、90°角尺等导向工具一起使用。划线时尖端贴紧导向工具移动，上端向外侧倾斜 15°～20°，向划线方向倾斜 45°～75°，如图 3-9b 所示。

 提示： 用划针划线时要做到一次划成，不要重复，使线条清晰准确；划针不用时要套上塑料管，不要使针尖外露，以免伤人。

5. 划规

划规用来划圆和圆弧、等分线段、等分角度以及量取尺寸等。常用的划规有普通划规（图 3-10a）、弹簧划规（图 3-10b）和长划规（图 3-10c）等。

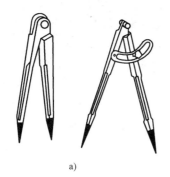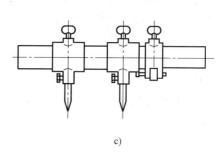

图 3-10　划规

使用弹簧划规时，旋转调节螺母来调节尺寸，适用于在光滑面上划线。长划规又叫滑杆划规，用来划大尺寸的圆。使用时在滑杆上滑动划规脚可以得到所需要的尺寸。

6. 划针盘

划针盘一般用于立体划线和用来找正工件位置，由底座、立柱、划针和夹紧螺母等组成，如图 3-11a 所示。划针的直头端用来划线，弯头端用来找正工件的位置。图 3-11b 所示为划针盘在划线找正工件。

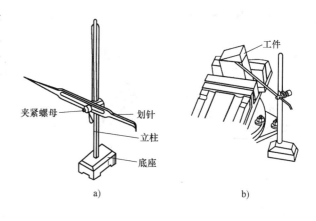

图 3-11　划针盘及其使用

 提示： 用划针盘划线时，划针应尽量处于水平位置，不要倾斜太大，划针伸出部分应尽量短些，并要牢固夹紧；划针与工件划线表面之间保持夹角 40°～60°进行划线，防止针尖扎入工件。

7. 90°角铁

90°角铁如图 3-12a 所示，可将工件夹在角铁的垂直面上进行划线，装夹时可用 C 型夹头或将夹头与压板配合使用。通过角尺对工件的垂直度进行找正，再用划针盘划线，可使划线与原来找正的直线或平面保持垂直，如图 3-12b 所示。

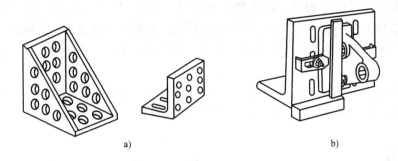

图 3-12 90°角铁及其使用

8. 90°角尺

90°角尺如图 3-13a 所示，划线时常用作划平行线或垂直线的导向工具，也可用来找正工件平面在划线平板上的垂直位置，具体使用如图 3-13b、c 所示。

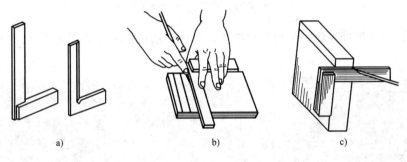

图 3-13 90°角尺及其使用

9. 游标高度尺

游标高度尺是高度尺和划针盘功能的组合，如图 3-14 所示。游标高度尺属于精密工具，其规格有 0～200mm、0～300mm、0～500mm、0～1000mm 几种，分度值一般为 0.02mm，不允许在毛坯上划线。

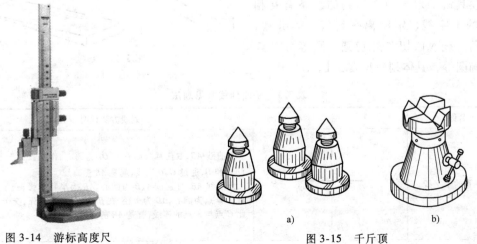

图 3-14 游标高度尺　　　　　图 3-15 千斤顶

10. 千斤顶

千斤顶有尖头（图3-15a）、平头和带 V 形槽（图 3-15b）等几种。划线时一般 3 个为一组，将它放在工件下面作为支承，调整它的高低，可将工件调成水平或倾斜位置，直至达到划线要求。千斤顶用于支承不规则或异形类工件非常方便。

11. 样冲

样冲用于在工件的加工线条上冲点，用作加强界线标志或作为圆弧、钻孔的中心。样冲由工具钢制成，尖端淬火硬化，顶角磨成45°～60°，如图 3-16a 所示。

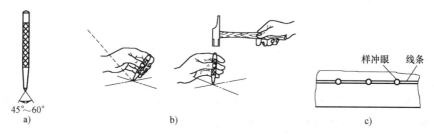

45°~60°
a)   b)   c)

图 3-16　样冲及使用方法

冲点时，先将样冲外倾，使尖端对准线的正中，然后再将样冲直立冲点，如图3-16b、c 所示。

　　　提示：直径小于 20mm 的圆周线上应有 4 个冲点，而直径大于 20mm 的圆周线上应有 8 个冲点；在直线上冲点距离可大些，在短直线上至少有 3 个冲点；在线条的交叉转折处则必须冲点；在薄壁或光滑表面上冲点要浅，粗糙表面上要深些。

12. 垫铁

垫铁是用来支承、垫平和升高毛坯工件的工具，常用的有平垫铁和斜垫铁两种，如图 3-17 所示。斜垫铁可对工件的高低做少量调节。

五、常用线条的基本划法

模具钳工划线中常用到的线条有互相垂直的十字线、定距离平行线、等分线、等分角度线、内切和外切圆、圆等分及扁圆、椭圆等，具体划法见表3-1。

图 3-17　垫铁

表 3-1　平面划线常见划法

名称	图例	划线方法说明
划垂直的十字线	*C* *A* ── *O* ── *O*₁ ── *B* *D*	划直线 *AB*,取任意两点 *O* 和 *O*₁ 为圆心,作圆弧交于上下两点 *C* 和 *D*,通过 *C、D* 连线,就是 *AB* 垂直线 划直线 *AB*,分别以 *A、B* 为圆心,*AB* 为半径作弧,交于点 *O*;再以 *O* 点为圆心,*AB* 为半径,在 *BO* 延长线上作弧,交于 *C* 点,此 *C* 点与 *A* 点的连线,就是 *AB* 的垂线

（续）

名称	图例	划线方法说明
划定距离平行线		划直线 AB，分别以 C 和 D 为圆心，以一定距离 R 为半径划弧 a 和 b，划两弧的公切线，就是所要求的平行线
过线外一点划平行线		先以 C 为圆心，用较大半径划圆弧交直线 AB 于 D 点，再以 D 点为圆心，以同样半径划弧交直线于 E 点；再以 D 点为圆心，以 CE 为半径划弧交第一次弧线于 F 点，连接 C、F 就是所要求的平行线
过线外一点划垂直线		先以线外 C 点为圆心，适当长度为半径，划弧同已知线交于 A 和 B 点；分别以 A 和 B 点为圆心，适当长度为半径，划弧交于 D 点，连接 C、D 的直线，就是 AB 的垂直线
二等分直线		分别以 AB 线两端的 A 和 B 点为圆心，适当长度为半径，划弧交于 C 和 D 点，连接 C、D，和 AB 相交于 E 点，E 点就是线 AB 的二等分点，CD 直线是 AB 的垂直线
二等分一弧线		分别以弧线两端的 a 和 b 点为圆心，适当长度为半径，划弧交于 c 和 d 点，连接 c、d，和 ab 弧相交于 e 点，即弧的二等分点
二等分已知角		以 $\angle abc$ 的顶点为圆心，任意长度为半径，划弧与两边交于 d、e 两点；分别以 d 和 e 为圆心，适当长度为半径，划弧交于 f 点，连接 b、f，就是该已知角的平分线
常用角度的划法		30°和 60°斜线的划法：以 CD 的中点 O 为圆心，以 $CD/2$ 为半径划一半圆，再以 D 为圆心，用同一半径划弧交于 M 点，连接 C、M 和 D、M，则 $\angle DCM$ 为30°，$\angle CDM$ 为60°
		45°斜线的划法：先划线段 EF 的垂直平分线 OG，再以 $EF/2$ 为半径，以 O 点为圆心划弧，交垂直平分线于 H 点，连接 E、H，则 $\angle FEH$ 为45°

（续）

名称	图例	划线方法说明
等分圆周		先作直径 AB，然后再以 A 点为圆心，r 为半径作两圆弧与圆周交于 C、D 点，则 B、C、D 即是圆周上的三等分点
		先作直径 AB，然后分别以 A、B 点为圆心，以大于圆半径 r 的任意半径作圆弧，连接圆弧的交点 C、D，与圆交于 E、F 点，则 A、B、E、F 即是圆周上的四等分点
		先过圆心 O 作垂直的直径 AB 和 CD，然后划出 OA 的中点 E，以 E 为圆心，EC 为半径画弧，与 OB 交于 F 点，DF 或 CF 的长度都是五等分圆周的弦长（弦长就是每等分在圆周上的直线长度），可采用此划法制作五角星
		先作直径 AB，分别以 A、B 点为圆心，以圆半径 r 为半径作弧，与圆交于 C、D、E、F 点，则 A、D、F、B、E、C 即是圆周上的六等分点
划任意角度的简易划法		作 AB 直线，以 A 为圆心，以 57.4mm 为半径作圆弧 CD；在弧 CD 上截取 10mm 的长度，向 A 连线的夹角为 $10°$，每 1mm 弦长近似为 $1°$ 实际使用时，应先用常用角划线法或平分角度法，划出临近角度后，再用此法划余量角。注意：可按比例放大，以利于截取小尺寸
划任意三点的圆心		已知 A、B、C，分别将 AB 和 CB 用直线相连，再分别划 AB 和 CB 的垂直平分线，两垂直平分线的交点 O，即为 A、B、C 三点的圆心
划圆弧的圆心		先在圆弧 AB 上任取 N_1、N_2 和 M_1、M_2，分别划弧 N_1N_2 和 M_1M_2 的垂直平分线，两垂直平分线的交点 O 即为弧 AB 的圆心
划圆弧与两直线相切		先分别划距离为 R 并平行于直线 I 和 II 的直线 I′、II′，I′ 和 II′ 交于 O 点，再以 O 为圆心，R 为半径划圆弧 MN 和两直线相切

（续）

名称	图例	划线方法说明
划圆弧与两圆外切		分别以 O_1 和 O_2 为圆心，以 $R_1 + R$ 及 $R_2 + R$ 为半径，划圆弧交于 O；以 O 为圆心，R 为半径，划圆弧与两圆外切于 M、N 点。同理：以 $R - R_1$ 及 $R - R_2$ 为半径，划圆弧交于 O；以 O 为圆心，R 为半径，可划圆弧与两圆内切
划椭圆		划互相垂直的线 AB（长轴）和 CD（短轴），连 AC，在 AC 上截取 $CA = OA - OC$，划 AE 的垂直平分线，与长、短轴各交于 O_1 及 O_2，并找出 O_1、O_2 的对称点 O_3、O_4，以 O_1、O_2、O_3、O_4 为圆心，O_1A（或 $O3B$）和 O_2C（或 O_4D）为半径，分别划出四段圆弧，圆弧连接为椭圆
划蛋形圆		以垂直线 AB 和 CD 的交点 O 为圆心，以 OA 为半径画圆，分别以 C、D 为圆心，CD 为半径划弧，再通过 C 和 D 点划 CB 和 DB 的连线，并延长交于 E、F 两点；然后以 B 为圆心，BE 或 BF 为半径划圆弧，连接 E 和 F，即得蛋形圆

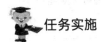

任务实施

六、冲模凸模的平面划线

1）研究图样，确定划线基准，详细了解需要划线的部位，小组成员相互讨论，制定恰当的划线加工工艺。

2）检查毛坯的形状及尺寸误差情况，去除不合格毛坯。

3）工件表面涂色。

4）准备划线工具。

5）根据制定的划线工艺进行正确划线，具体划线步骤见表3-2。

> 提示：已加工表面一般用酒精色溶液、硫酸铜溶液涂色；未加工表面一般用石灰水溶液涂色。

表 3-2　冲模凸模的平面划线步骤

序号	任务	图形	说　明
1	划线图形		1. 一般划线后的加工过程中都要用测量工具测量，因此可直接按基本尺寸划线 2. 划线后加工时，均按线加工放出适当余量

（续）

序号	任务	图形	说　明
2	准备坯料	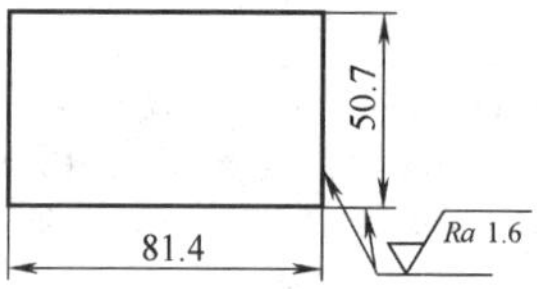	1. 加工成六面体，每边留余量 0.3~0.5mm，具体尺寸如图所示 2. 划线平面及一对互相垂直的基准面在平面磨床上精加工 3. 去毛刺，平面去油、去锈，涂色
3	划直线	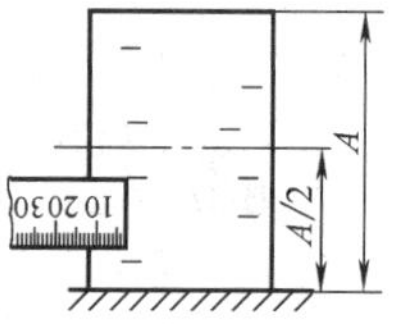	1. 划线基准面与平板紧贴 2. 用游标高度尺测得实际高度为 A 3. 以 A/2 划中心线 4. 计算各圆弧中心位置尺寸并划中心线，划线时用钢直尺大致确定划线横向位置 5. 划出尺寸 15.8mm 线的两端位置
4	划直线	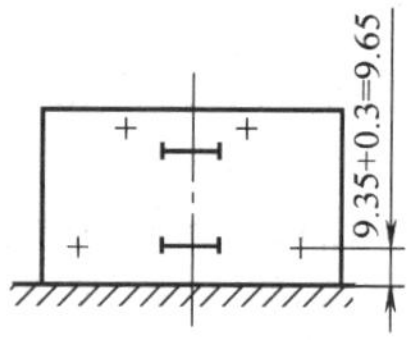	1. 另一基准面紧贴平板 2. 划 R9.35mm 中心线，留 0.3mm 余量 3. 计算各线尺寸后划线
5	划圆弧线	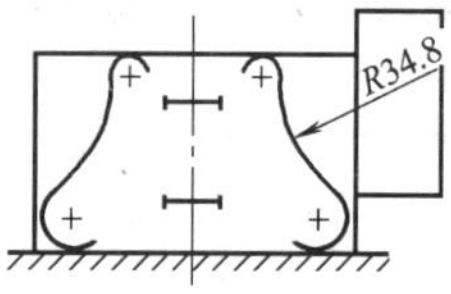	1. 在圆弧十字线中心轻轻敲样冲眼 2. 用划规划各圆弧线 3. R34.8mm 圆弧中心线在坯料之外，用一辅助块，用平口钳夹紧在工件侧面，求出圆心后划线
6	连接斜线	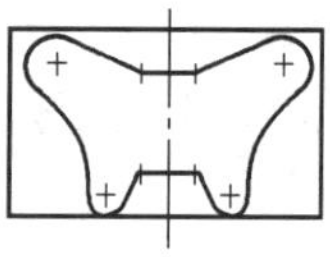	用钢直尺、划针连接各斜线

任务评价

任务评分表见表 3-3。

表 3-3　冲模凸模的平面划线评分表

序号	项目与技术要求	配分	考核标准	得分
1	制定工艺合理	10	工艺不合理酌情扣分	
2	积极发言，参与小组讨论	5	根据现场情况酌情扣分	
3	认真收集和处理信息	5	根据现场情况酌情扣分	
4	划线工具准备齐全	5	每少一种扣 1 分	
5	涂色薄而均匀	5	总体评定	
6	线条清晰无重线	10	线条不清楚或有重线每处扣 1 分	
7	尺寸及线条位置偏差 ±0.3mm	20	每一处超差扣 2 分	
8	各圆弧连接光滑	10	每一处连接不好扣 2 分	
9	冲点位置偏差 ±0.3mm	10	凡冲偏一个扣 2 分	
10	检验样冲眼分布是否合理	10	分布不合理每一处扣 2 分	
11	使用工具正确，操作姿势正确	10	发现一项不正确扣 2 分	
12	安全文明操作		违反安全文明操作规程酌情扣 10~20 分	

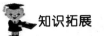知识拓展　轴承座划线

1. 图样分析

弄清工件的加工工艺过程及技术要求。

2. 检查毛坯质量

发现及处理不合格的毛坯。

3. 选定基准面作为划线基准

如图 3-18 所示。此轴承座需要加工部位有底面、轴承座内孔及两端面、顶部孔及端面、两螺栓孔及孔口锪平。加工这些部位时，找正线和加工界线都要划出。需要划线的尺寸在三个互相垂直的方向，所以属于立体划线，工件需要翻转 90°，安放三次位置，才能全部划出所需要的线条。

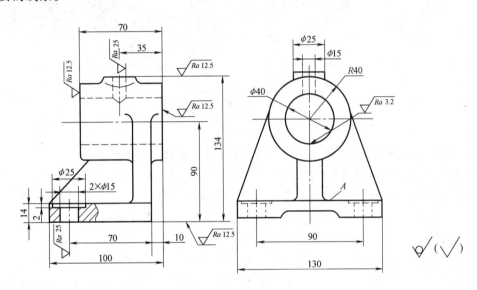

图 3-18　轴承座

4. 根据技术要求确定划线程度及划线位置

5. 将毛坯孔的两端装入中心塞块

6. 是涂料将坯料上色，以备划线

7. 划线

（1）第一次支承

1）将轴承座放在平台上，用 3 个千斤顶将轴承座竖直顶起，如图 3-19a 所示，用划针盘将底面基本找平。

2）以底面相对的面量取并检查其他各加工面的尺寸余量（包括轴承孔的加工余量）。如余量不够，可调整千斤顶，进行相应的借料。

3）以中心孔线 I-I 为划线基准，将高度方向的所有线条按尺寸要求划出。根据加工要求，高度方向共要划出 5 条线，即孔中心线（基准线）、底面加工线、油杯孔顶部加工线等。

（2）第二次支承

1）将轴承座翻转 90°，用 3 个千斤顶支承好，如图 3-19b 所示。

2）用90°角尺校正底面的垂直度。

3）在校正各螺纹孔位置尺寸的基础上，检查轴孔的加工余量，划出Ⅱ-Ⅱ基准线，并以此基准线为划线基准划出两螺栓孔中心线，即在基准线上、下各量取45mm划出两螺栓孔中心线。如果铸孔内不放中心塞块，还要以孔中心基准线上、下各量取20mm划出轴承孔左、右两条切线。

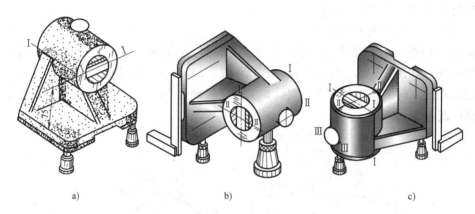

a)   b)   c)

图 3-19 轴承座划线的三次支承

（3）第三次支承

1）将轴承座再翻转90°，用3个千斤顶支承平稳，如图3-19c所示。

2）分别用90°角尺校正Ⅰ-Ⅰ和Ⅱ-Ⅱ中心线，调整千斤顶，使其与平台垂直。

3）划出中心线Ⅲ-Ⅲ基准线、两端面的加工线及两个螺栓孔中心线，即通过千斤顶的调整和90°角尺找正，分别使底面加工线与Ⅰ-Ⅰ中心线和Ⅱ-Ⅱ中心线成垂直位置，这样工件的安放位置稳定后即可划线。划线基准以油杯孔中心线为依据并兼顾右端面至油杯孔中心35mm和10mm的尺寸来确定，然后试划和最后划出Ⅲ-Ⅲ基准线和两端面的加工线等。

（4）撤下千斤顶　撤下千斤顶，用划规划出两端轴承孔（当铸孔内不放中心塞块时不划圆周线）、螺栓孔和顶部油杯孔的圆周线。

8. 对照图样，全面复检所划线条

经检查准确无错误、无遗漏之后，在所有加工线上打样冲眼（如果工件毛坯上涂防锈漆后再划线可以不打样冲眼）。

复习与思考

1. 什么是划线？划线的作用是什么？
2. 什么是划线基准？划线基准有哪三种基本类型？
3. 什么是找正？什么是借料？找正的目的是什么？
4. 常用的划线工具有哪些？
5. 用样冲冲点作为加强界线标志时，需要注意哪些问题？
6. 模具钳工划线中常用到的线条有哪些？
7. 简述椭圆的划线方法。
8. 简述冲模凸模的平面划线步骤。

任务2 模具零件錾削与锯削

任务描述

学校校办工厂现有一批斜角垫块需要加工，如图 3-20 所示。材料为 Q235，毛坯料尺寸为 75mm×40mm×36mm。

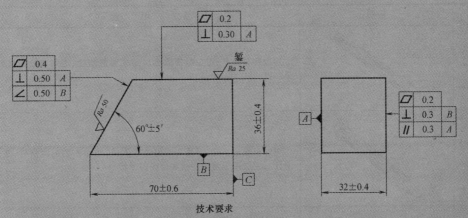

技术要求

1. A、B、C 面均为基准面，不允许再加工
2. 锯削面一次成形，不允许反向接锯和修整
3. 錾纹一致整齐

图 3-20 斜角垫块

知识目标

1. 了解錾削与锯削的切削原理。
2. 熟悉錾削与锯削的常用工具。
3. 掌握錾削与锯削的方法。
4. 掌握錾削与锯削的安全操作规程。

能力目标

1. 能够独立识图，并查阅有关錾削与锯削的资料。
2. 能与同伴合作正确制定加工工艺。
3. 能够根据图样要求正确选择加工工具。
4. 会对錾削刃具进行正确刃磨。
5. 能够分析錾削与锯削中出现的常见问题，并能预防。
6. 与小组成员相互监督，能够做到"7S"规范管理。

🎓 **相关知识**

錾削就是用锤子敲击錾子对工件进行切削加工。錾削是模具钳工的一项基本技能。錾削加工主要用于去除模具毛坯上的凸缘、毛刺，分割材料，錾削平面及沟槽等。模具钳工通过錾削加工可以提高锤击的准确性，为机械部件、工装、模具的装拆打下扎实的基础。

锯削是指用手锯分割金属材料或在工件上锯出沟槽的操作。

一、錾削工具

錾削的主要工具是錾子和锤子。

1. 錾子

錾子由头部、錾身和切削部分组成，常用的錾子及用途见表3-4。

表3-4　錾子的种类及用途

名称	图形	用　途
扁錾		切削部分扁平，刃口略带弧形。用来錾削凸缘、毛刺和分割材料，应用最广泛
尖錾		切削刃较短，切削刃两端侧面略带倒锥，防止在錾削沟槽时，錾子被槽卡住。主要用于錾削沟槽和分割曲形板料
油槽錾		切削刃很短并呈圆弧形。錾子斜面制成弯曲形，便于在曲面上錾削沟槽，主要用于錾削油槽

2. 锤子

锤子又称榔头，在錾削时起敲击作用。锤子由锤头、木柄和楔子组成，如图3-21所示。锤子的规格以锤头的质量表示，常用的有0.25kg、0.5kg和1kg等多种。

二、錾子的角度与刃磨

1. 錾子的角度

錾子的几何角度如图3-22所示。錾子有前后两个刀面，此两刀面间的夹角称为楔角β_o，楔角通常取60°。后刀面与切削平面之间的夹角为后角α_o，后角通常取5°~8°；前刀面与基面之间的夹角为前角γ_o，前角$\gamma_o = 90° - (\beta_o + \alpha_o)$。

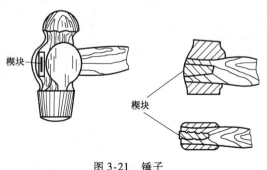

图3-21　锤子

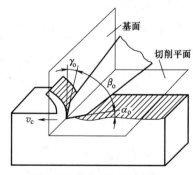

图3-22　錾子的几何角度

提示：錾子楔角的大小，要根据被加工材料的软硬来决定。錾削软金属时，一般取30°~50°，錾削较硬金属时，取60°~70°，錾削一般硬度的钢件或铸铁通常取60°。

2. 錾子的刃磨

新锻制的或用钝的錾刃，要在砂轮机上进行刃磨。刃磨时，右手大拇指和食指成蟹钳状捏牢錾子鳃部，左手大拇指在上，其余四指在下握紧錾柄，如图3-23a所示。錾子在刃磨时，其被磨削的楔面接触要高于砂轮中心处，并调整好刃磨位置，使刃磨的楔面与錾子几何中心平面的夹角为楔角的1/2。刃磨时要让刃磨平面沿砂轮的轴线左右平稳移动，施力均匀，并注意对錾子浸水冷却。刃口两面要交替刃磨，保证两楔面平整、对称，刃口平直，如图3-23b所示。

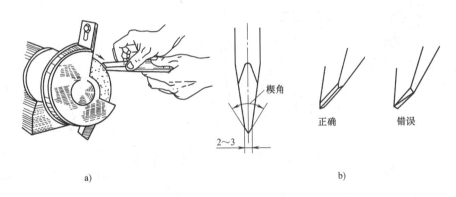

a)   b)

图3-23 錾子的刃磨

提示：錾子刃磨前要进行热处理，以保证一定的硬度、耐磨性和韧性。热处理后的刃口硬度一般要达到56~60HRC。

刃磨錾子时，要站立在砂轮机的斜侧位置；刃磨时要戴防护眼镜。开动砂轮机后要观察旋转方向（向下旋转），等速度稳定后才能使用；当发现砂轮表面跳动时，应及时检修。

三、錾削的要点

1. 錾削的姿势

錾削时，身体与台虎钳中心线大致成45°夹角，且略向前倾，左脚跨前半步，膝盖处稍有弯曲，保持自然，右脚要站稳伸直，不要过于用力，如图3-24a所示。眼睛注视錾削处，以便观察錾削的情况。左手捏錾使其在工件上保持正确的角度，右手挥锤，使锤头沿弧线运动，进行敲击，如图3-24b所示。

2. 平面的錾削

用扁錾錾削平面时，起錾一般从斜角处开始，如图3-25a所示。由于切削刃与工件的接触面小、阻力小，只需轻敲錾子即能切入材料；使用尖錾錾削沟槽时，应采用正面起錾。錾子的切削刃抵紧工件，錾子头部向下倾斜，使錾子与工件起錾端面基本垂直，如图 3-25b 所示，轻敲錾子，就能够较容易地切入材料。

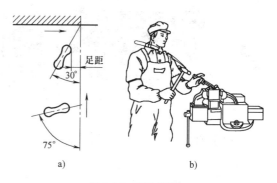

在錾削过程中，一般每錾削两三次，应将錾子退回一些，做一次短暂停顿，然后再继续錾削，这样便于观察錾削平面的情况，还可以使手臂肌肉有节奏地得到放松。

图 3-24　錾削姿势

当錾削接近尽头 10~15mm 时，为防止崩裂（图 3-26a），应掉头錾削余下的部分，如图 3-26b 所示。

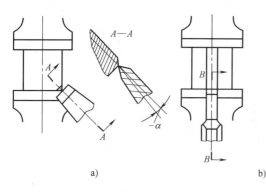

图 3-25　起錾方法

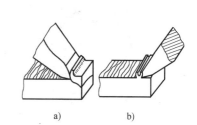

图 3-26　尽头的錾法

提示：每次錾削余量一般为 0.5~2mm。余量太小，錾子易滑出，而余量太大又使錾削太费力，且不易将工件表面錾平。

四、锯削工具

锯削的工具主要是手锯。手锯由锯弓和锯条组成。锯弓用来安装并张紧锯条，有固定式和可调式两种，如图 3-27 所示。

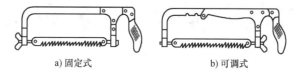

a) 固定式　　　　　b) 可调式

图 3-27　手锯

锯条用碳素工具钢（如 T10 或 T12）或合金工具钢冷轧而成，并经热处理淬硬。其尺寸规格以两端安装孔间的中心距表示。常用锯条的尺寸规格为 300mm。

常用锯条的粗细规格是以锯条每 25mm 长度内的齿数来表示的。

锯条的切削部分由许多锯齿组成，锯齿按一定形状左右错开形成一定形状的锯路，锯路有交叉形和波浪形等，如图 3-28 所示。锯路可防止锯削时锯条卡在锯缝中，并减少锯条与锯缝的摩擦阻力，使排屑顺利，锯削省力。

常用锯条锯齿的前角 γ 为 0°、后角 α 为 40° ~ 45°、楔角 β 为 45° ~ 50°，如图 3-29 所示。

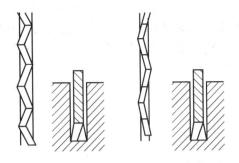

图 3-28 锯齿的排列形式

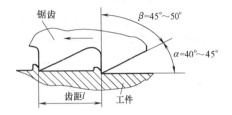

图 3-29 锯齿的切削角度

提示：一般来说，锯削软材料或断面较大的材料时选用粗齿锯条；锯削硬材料或断面较小的材料选用细齿锯条；锯削管子或薄壁材料选用细齿锯条。

五、锯削要点

1. 手锯的握法

右手满握锯弓手柄，大拇指压在食指上。左手控制锯弓方向，大拇指在弓背上，食指、中指、无名指扶在锯弓前端，如图 3-30 所示。锯削时推力和压力主要由右手控制，左手的作用主要是扶正。

2. 锯条的安装

手锯是在前推时才起切削作用，因此锯条安装应使齿尖的方向朝前，如果装反了，则锯齿前角为负值，就不能正常锯削了，如图 3-31 所示。

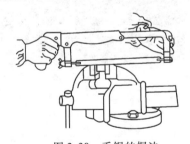

图 3-30 手锯的握法

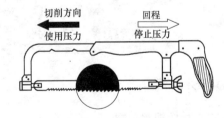

图 3-31 锯条的安装

提示：锯条安装后，要保证锯条正面与锯弓中心平面平行，不得倾斜和扭曲，否则，锯削时锯缝极易歪斜。

3. 工件的装夹

工件一般应夹在台虎钳的左面，以便操作；工件伸出钳口不应过长，应使锯缝离钳口侧面 20mm 左右，要使锯缝线保持铅垂，便于控制锯缝不偏离划线线条；工件夹持应该牢固，防止工件在锯削时产生振动，同时要避免将工件夹变形和夹坏已加工面。

4. 起锯方法

起锯是锯削工作的开始，起锯的好坏直接影响锯削质量。起锯有远起锯和近起锯两种，如图 3-32 所示。起锯时，左手拇指靠住锯条，使锯条能正确地锯在所需要的位置上。起锯角 α 以 15° 为宜。起锯角太大，则锯齿易被工件棱边卡住而崩齿；起锯角太小，则不易切入材料，锯条还可能打滑，把工件表面锯坏，如图 3-32 所示。

起锯锯到槽深有 2～3mm 时，锯条已不会滑出槽外，左手拇指可离开锯条，扶正锯弓逐渐使锯痕向后（向前）成为水平，然后往下正常锯削。

锯削频率不宜过高，一般以 30 次/min 为宜。

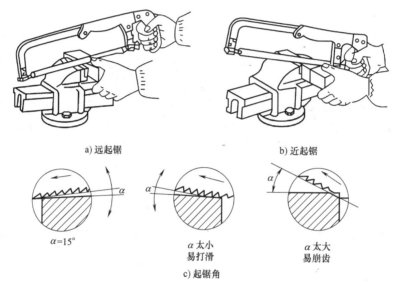

a) 远起锯　　　　　　　　　b) 近起锯

$\alpha=15°$

α 太小
易打滑

α 太大
易崩齿

c) 起锯角

图 3-32　起锯方法

 提示：起锯时，行程要短，压力要小，速度要慢。一般情况下采用远起锯较好，因为远起锯是逐步切入材料的，锯齿不易卡住，起锯也较方便。

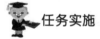 任务实施

六、制作斜角垫块

1）研究图样，小组成员讨论制定加工工艺。

2）检查毛坯尺寸，清除边缘毛刺。

3）划线表面涂色。

4）以 A 面为基准，将工件放置在划线平台上，划出 32mm 尺寸线。

5）翻转 90°，以 B 面为基准，划出 36mm 尺寸线。

6）翻转 90°，以 C 面为基准，划出 70mm 尺寸线。根据 60°角度，计算出斜角垫块 60°角度上面尺寸为（70 − 36cot60°）mm = 49.2mm，并划出加工线。

7）用划针、钢板尺连接 70mm 与 49.2mm 两点线。

8）对照图样，全面复核所有划线尺寸。

9）将工件夹持在台虎钳上，依次錾削 *A*、*B* 面的对面，并达到平面度、垂直度、平行度及尺寸要求。

10）根据划线，将工件倾斜放置夹持在台虎钳上，使锯削界线平行钳口侧面，拇指按住锯削线起锯，将工件锯下。

11）全部尺寸复核，去毛刺、倒角。

提示：在錾削和锯削时，在台虎钳上要加软钳口，防止基准面夹毛。锯削件将要锯掉时，要注意用左手扶住掉下部分，防止掉下砸脚。

任务评价

任务评分表见表3-5。

表3-5 制作斜角垫块评分表

序号	项目与技术要求	配分	考核标准	得分
1	制定工艺合理	10	工艺不合理酌情扣分	
2	积极发言,参与小组讨论	5	根据现场情况酌情扣分	
3	认真收集和处理信息	5	根据现场情况酌情扣分	
4	工具准备齐全	5	每少一种扣1分	
5	线条清晰无重线	5	总体评定	
6	(32±0.4)mm	10	超0.05mm扣2分	
7	(36±0.4)mm	10	超0.05mm扣2分	
8	(70±0.6)mm	10	超0.05mm扣2分	
9	平面度3处	9	超差全扣	
10	垂直度3处	9	超差全扣	
11	平行度1处	6	超差全扣	
12	60°±5′角度	6	超差全扣	
13	使用工具正确,操作姿势正确	10	发现一项不正确扣2分	
14	安全文明操作		违反安全文明操作规程酌情扣10~20分	

复习与思考

1. 什么是錾削？錾削主要用于什么场合？
2. 简述錾子的种类及用途。
3. 简述錾子的刃磨方法。
4. 錾子的楔角如何选择？
5. 平面錾削时如何起錾？如何收尾？
6. 什么是锯路？锯路有什么作用？
7. 如何根据材料选择锯条的粗细规格？
8. 锯削时如何装夹工件？
9. 起锯角为什么不能太大，也不能太小？
10. 起锯有哪两种方法？哪种方法较好？为什么？

任务3 模具零件锉削加工

任务描述

校办工厂现有一批角度样板需要加工，如图 3-33 所示，材料为 45 钢，毛坯料为 70mm×85mm×3mm，时间 6h。

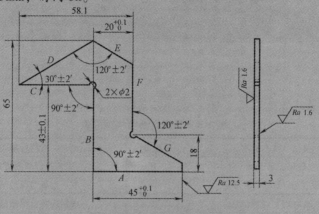

图 3-33 角度样板

知识目标

1. 了解锉削在模具加工中的应用。

2. 熟悉锉刀的种类及规格。

3. 掌握锉刀的选择方法。

4. 熟练掌握正确的锉削姿势，能够合理控制两手的用力及锉削速度。

5. 掌握平面和曲面的锉削方法。

能力目标

1. 能够独立识图，能够独立查阅模具零件的锉削知识。

2. 能与同伴合作正确制定角度样板的加工工艺。

3. 能够根据图样要求正确选择工、卡、量具。

4. 能够根据模具零件的不同形状和尺寸精度正确选择锉刀。

5. 会针对不同的锉刀采用不同的握法。

6. 能够正确运用角度尺、刀口尺、曲面样板对模具零件进行测量。

7. 在教师的指导下，小组成员能够讨论分析模具零件锉削加工中出现的问题，并能够及时纠正。

8. 与小组成员相互监督，能够做到"7S"规范管理。

 相关知识

用锉刀对工件表面进行切削加工称为锉削。锉削一般是在錾削、锯削后对工件进行的精度较高的加工，其精度可达 0.01mm，表面粗糙度值可达 $Ra0.8\mu m$。锉削的应用范围很广，可以加工内外平面、内外曲面、沟槽、内孔及各种复杂表面等。在模具制造中，锉削可以实现对模具样板的制作、模具表面和型腔的加工、模具的装配调整和修理等，特别适用于模具中一些不便于机械加工的部位。因此，在机械加工非常流行的今天，锉削仍然是模具钳工的一项重要操作。

一、锉削工具

锉削所用的主要工具是锉刀。锉刀用高碳工具钢经热处理制成，其硬度达 62HRC 以上，它主要由锉身和锉柄组成，各部分的名称如图 3-34 所示。

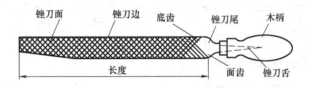

图 3-34 锉刀的组成

1. 锉刀的种类

锉刀按其用途不同可分为普通钳工锉、异形锉和整形锉三种。

普通钳工锉按其断面形状不同又可分为平锉、方锉、三角锉、半圆锉和圆锉等，如图 3-35 所示。

图 3-35 普通锉刀的断面形状

异形锉主要用于锉削工件上特殊的表面，主要有刀口锉、菱形锉、扁三角锉、椭圆锉、圆肚锉等，如图 3-36 所示。

图 3-36 异形锉刀的断面形状

整形锉主要用于修整工件细小部分的表面，通常为多把一组，如图 3-37 所示。

2. 锉刀的规格

锉刀的规格分为尺寸规格和齿纹粗细规格两种。

不同锉刀的尺寸规格用不同的参数表示。方锉刀的尺寸规格用方形尺寸表示；圆锉刀的规格用直径表示；其他锉刀则以锉身长度表示。模具钳工常用的锉刀，锉身长度有 100mm、125mm、150mm、200mm、250mm、300mm 和 350mm 等几种。

锉刀齿纹的粗细规格,以锉刀每10mm轴向长度内的主锉纹条数来表示,见表3-6。

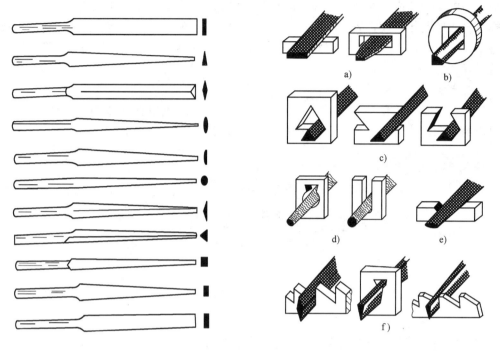

图 3-37　整形锉　　　　　　　　　　图 3-38　加工不同表面使用的锉刀

表 3-6　锉刀齿纹粗细规格

规格/mm	主要锉纹条数(10mm 内)				
	锉 纹 号				
	1	2	3	4	5
100	14	20	28	40	56
125	12	18	25	36	50
150	11	16	22	32	45
200	10	14	20	28	40
250	9	12	18	25	36
300	8	11	16	22	32
350	7	10	14	20	—

注:表中1号锉纹为精齿锉刀;2号锉纹为中齿锉刀;3号锉纹为细齿锉刀;4号锉纹为双细齿锉刀;5号锉纹为油光锉。

3. 锉刀的选择

每种锉刀都有各自的用途,如果选择不当,就不能发挥它的效能,甚至会过早丧失其切削能力。

锉刀选用的一般原则是:根据工件的表面形状和加工面的大小选择锉刀的断面形状和规格,如图3-38所示;根据材料软硬、加工余量、精度和表面粗糙度值的要求选择锉刀齿纹的粗细,见表3-7。

表3-7 锉刀齿纹的粗细规格选用

锉刀粗细	适用场合		
	加工余量/mm	加工精度/mm	表面粗糙度值/μm
1号（粗齿锉刀）	0.5~1	0.2~0.5	Ra 100~25
2号（中齿锉刀）	0.2~0.5	0.05~0.2	Ra 25~6.3
3号（细齿锉刀）	0.1~0.3	0.02~0.05	Ra 12.5~3.2
4号（双细齿锉刀）	0.1~0.2	0.01~0.02	Ra 6.3~1.6
5号（油光锉）	0.1以下	0.01	Ra 1.6~0.8

提示：粗齿锉刀由于齿距大，不易堵塞，适宜于粗加工及铜、铝等软金属的锉削；细齿锉刀适宜于钢、铸铁以及表面质量要求高的工件的锉削；油光锉只用于修光已加工表面。

二、锉刀握法与锉削姿势

1. 锉刀的握法

（1）大锉刀的握法 右手紧握锉刀柄，柄端抵住在拇指根部的手掌上，大拇指放在锉刀柄上部，其余四指自下而上握着锉刀柄；左手则根据锉刀大小和用力轻重有多种姿势，如图3-39a所示。

（2）中锉刀的握法 右手握法与大锉刀相同，左手用大拇指和食指捏住锉刀的前端，如图3-39b所示。

（3）小锉刀的握法 右手食指伸直，拇指放在锉刀木柄上部，食指靠在锉刀边缘，左手几个手指压在锉刀中部，如图3-39c所示。

（4）整形锉的握法 一般只用右手拿着锉刀，食指放在锉刀上部，拇指靠在锉刀左侧，如图3-39d所示。

2. 锉削姿势

人站在台虎钳左侧，身体与台虎钳约成75°，左脚在前，右脚在后，两脚分开约与肩同宽。身体稍向前倾，重心落在左脚上，使得右小臂与锉刀成一直线，左手肘部张开，左上臂部分与锉刀基本平行，如图3-40所示。

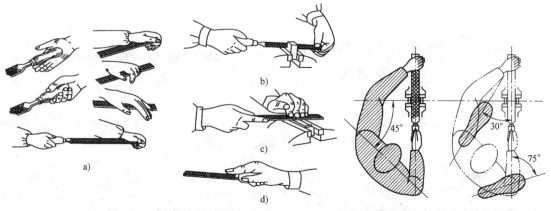

图3-39 各种锉刀的握法   图3-40 锉削时的站立姿势

锉削时身体重心落在左脚上，右膝伸直，左膝随锉削的往复运动而屈伸。在锉刀向前锉削的动作过程中，身体和手臂的运动情况如图 3-41 所示。

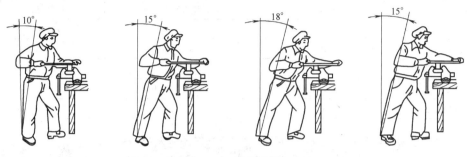

图 3-41　锉削姿势

提示：开始锉削时，身体向前倾斜 10° 左右，右肘尽量向后收缩；最初 1/3 行程时，身体前倾到 15° 左右，左膝稍有弯曲；锉至 2/3 行程时，右肘向前推进锉刀，身体逐渐倾斜到 18° 左右；锉最后 1/3 行程时，右肘继续推进锉刀，身体则随锉削时的反作用力自然退回到 15° 左右；锉削行程结束后，手和身体都恢复到原来的姿势，同时将锉刀略提起退回。

3. 锉削力与锉削速度

要锉出平直的平面，必须使锉刀保持水平直线的锉削运动。因此，锉削时右手的压力要随着锉刀推动而逐渐增加，左手的压力要随锉刀推动而逐渐减小，如图 3-42 所示。回程时不要加压力，以减少锉齿的磨损。

锉削速度一般应在 40 次/min 左右，推出时稍慢，回程时稍快，动作要自然，协调一致。

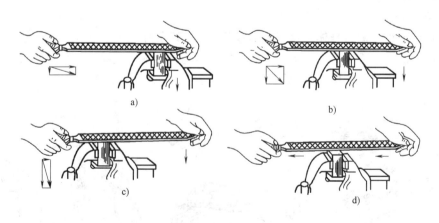

图 3-42　锉削平面时两手的用力

三、平面锉削

1. 平面锉削方法

常用的平面锉削方法有顺向锉、交叉锉和推锉三种，见表 3-8。

表 3-8 平面锉削方法

锉削方法	图示	操作方法
顺向锉法		锉刀运动方向与工件夹持方向始终一致。在锉宽平面时,每次退回锉刀时应在横向做适当的移动。顺向锉法的锉纹整齐一致,比较美观,这是最基本的一种锉削方法,不大的平面和最后锉光都用这种方法
交叉锉法		锉刀运动方向与工件夹持方向成30°~40°,且锉纹交叉。由于锉刀与工件的接触面大,锉刀容易掌握平稳,同时从刀痕上可以判断出锉削面的高低情况,表面容易锉平,一般适于粗锉。精锉时为了使刀痕变为正直,当平面即将锉削完成前应改用顺向锉法
推锉法		用两手对称横握锉刀,用大拇指推动锉刀顺着工件长度方向进行锉削,此法一般用来锉削狭长平面

2. 平面度检查方法

工件的平面度通常采用刀口形直尺及透光法来检查。检查时,刀口形直尺应垂直放在工件表面上,如图3-43a所示,并在加工面的纵向、横向、对角方向多处逐一进行检验,如图3-43b、c所示,以确定各方向的直线度误差。

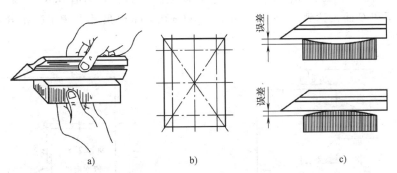

a)　　　　　　b)　　　　　　c)

图 3-43　刀口形直尺检查工件的平面度

> 提示:刀口形直尺不能在被检查平面上拖动,否则容易磨损直尺的测量边而降低精度。

3. 垂直度检查方法

用90°角尺检查工件垂直度前,应先用锉刀去掉工件锐边的毛刺。检查时,先将90°角尺尺座的测量面紧贴工件基准面,然后从上轻轻向下移动,使90°角尺尺瞄的测量面与工件的被测表面接触，如图 3-44a 所示，通过透光法来判断工件被测面与基准面是否垂直。检查时，90°角尺不可斜放（图 3-44b），否则将出现错误的检查结果。

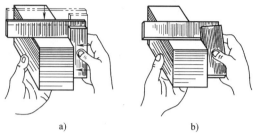

a)　　　　　　　　　　b)

图 3-44　用 90°角尺检查工件垂直度

提示：在同一平面上不同位置进行检查时，90°角尺不可在工件表面上前后移动，以免磨损、影响角尺本身精度。

任务实施

四、制作角度样板

1）研究图样，小组成员讨论制定加工工艺。

2）检查来料尺寸，各边缘修整去毛刺。

3）各表面涂色。

4）采用推锉法，加工外形两面 A 与 A′，以 A 面、A′面为划线基准，按图样要求划出所有加工线，并打上样冲眼；钻 $2 \times \phi 2$mm 工艺孔，如图 3-45 所示。

5）加工 B 面和 C 面，如图 3-46 所示。锯削去除余料，并留有 0.8 ~ 1.2mm 加工余量。锉削加工 B 面和 C 面，达到 $(45^{+0.1}_{0})$mm、(43 ± 0.1)mm 尺寸及 $B \perp C$ 和 $B \perp A$、$90° \pm 2′$（2 处）的要求。

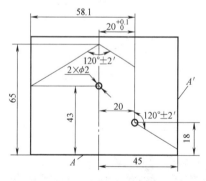

图 3-45　推锉 A 面和 A′面

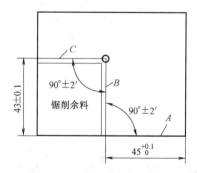

图 3-46　加工 B 面和 C 面

6）加工 F 面，如图 3-47 所示。以 B 面为基准，根据划线进行锯削、锉削加工 F 面，达到 $20^{+0.1}_{0}$mm 尺寸的要求。

7）加工 E、D、G 面，如图 3-48 所示。根据划线进行锯削、锉削加工，达到 $120° \pm 2′$（2 处）和 $30° \pm 2′$角度的要求。

8）复检，倒棱，去毛刺。

提示：采用推锉法加工各窄面时，要注意刀痕方向应一致。

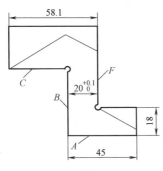

图 3-47 加工 F 面

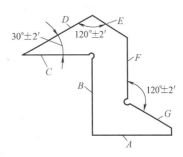

图 3-48 加工 E、D、G 面

 **任务评价**

任务评分表见表 3-9。

表 3-9 制作角度样板评分表

序号	项目与技术要求	配分	考核标准	得分
1	制定工艺合理	10	工艺不合理酌情扣分	
2	积极发言,参与小组讨论	5	根据现场情况酌情扣分	
3	认真收集和处理信息	5	根据现场情况酌情扣分	
4	工、卡、量、刀具准备齐全	5	每少一种扣 1 分	
5	90°±2′(2 处)	16	超 1′扣 4 分	
6	120°±2′(2 处)	16	超 1′扣 4 分	
7	30°±2′	8	超 1′扣 4 分	
8	$20^{+0.1}_{0}$ mm	5	超 0.01mm 扣 2 分	
9	(43±0.1)mm	5	超 0.01mm 扣 2 分	
10	$45^{+0.1}_{0}$ mm	5	超 0.01mm 扣 2 分	
11	表面粗糙度值 $Ra3.2\mu m$(7 处)	14	超差全扣	
12	使用工具正确,操作姿势正确	6	发现一项不正确扣 2 分	
13	安全文明操作,遵守"7S"管理规范		违反相关规定酌情扣 10~20 分	
14	工时定额 360min		每超时 5min 扣 5 分;超 20min 不得分	

知识拓展 曲面加工

1. 曲面锉削方法

常见的曲面是单一的外圆弧面和内圆弧面，其锉削方法见表 3-10。

表 3-10　曲面锉削方法

锉削方法	图示	操 作 方 法
外圆弧面锉削方法	a)　b)	当余量不大或对外圆弧面做修整时,一般采用锉刀顺着圆弧锉削,如图 a 所示,在锉刀做前进运动时,还应绕工件圆弧的中心做摆动 当锉削余量较大时,可采用横着圆弧锉的方法,如图 b 所示,按圆弧要求锉成多棱形,然后再顺着圆弧锉削,精锉成圆弧
内圆弧面锉削方法		锉刀要同时完成三个运动:前进运动、向左或向右的移动和绕锉刀中心线转动(按顺时针或逆时针方向转动约 90°)。三种运动须同时进行,才能锉好内圆弧面,如不同时完成上述三种运动,就不能锉出合格的内圆弧面
球面锉削方法		推锉时,锉刀对球面中心线摆动,同时又做弧形运动

2．曲面检查方法

曲面通常采用曲面样板检查其轮廓度,曲面样板通常包括凸面样板和凹面样板两类,如图 3-49a 所示。其中曲面样板左端的凸面样板用于测量内圆弧面,曲面样板的右端凹面样板用于测量外圆弧面。测量时,要在整个弧面上测量,综合进行评定,如图 3-49b 所示。

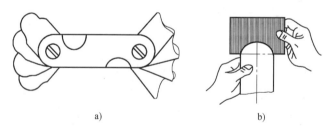

a)　　　　　　　　　　　　b)

图 3-49　曲面样板检查曲面的方法

复习与思考

1．什么叫锉削? 锉刀一般由什么材料制成?

2．锉刀的种类有哪些?

3．锉刀的尺寸规格、齿纹粗细规格是如何表示的?

4．锉刀选用的一般原则是什么?

5．简述各种锉刀的握法。

6．画图说明锉削时两手的用力变化。

7. 平面锉削有哪几种方法？各用于什么场合？

8. 简述刀口尺、角度尺测量时的注意事项。

9. 简述内外圆弧面的锉削要点。

任务4 模具零件钻削加工

任务描述

校办工厂现有一批孔板需要加工，如图3-50所示，材料为Q235钢板，毛坯料为65mm×65mm×22mm，完成时间9h。

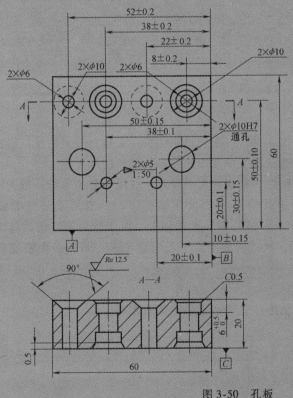

技术要求

1. A、B、C面相互垂直，且垂直度公差不大于0.05mm

2. A、B、C的对应面平行于A、B、面，平行度公差不大于0.05mm

图3-50 孔板

知识目标

1. 了解钻削在模具加工中的应用。

2. 熟悉钻床的结构。

3. 掌握钻头、扩孔钻、锪钻及铰刀的种类及角度。

4. 掌握模具零件钻削加工的装夹方法。

5. 知道钻孔、扩孔、锪孔和铰孔直径、转速、进给量的相互关系。

6. 知道切削液与加工材料之间的关系，切削液的选择方法。

7. 掌握钻削加工的安全操作规程。

能力目标

1. 能够独立识图，能够从网络或书籍上获取模具零件钻削加工的相关知识。
2. 能与同伴合作正确制定孔板的加工工艺。
3. 能够正确选择工、卡、量、夹、刀具，进行模具零件加工。
4. 能够合理选择切削用量。
5. 会根据模具零件的不同形状进行正确装夹。
6. 在教师的指导下，能够初步进行钻头的刃磨及修磨。
7. 能够根据模具零件的要求，进行正确钻孔、扩孔、锪孔和铰孔。
8. 能够根据不同的材料合理选择切削液。
9. 能够熟练运用钻床在模具零件上进行钻削加工。
10. 小组成员能够初步分析钻削加工中出现的问题，并能够进行预防。
11. 能够自觉遵守钻削安全操作规程，做到"7S"规范管理。

 相关知识

　　钻削加工是模具钳工的一项重要基本操作，它包括用钻头在实体材料上钻孔，用钻头或扩孔钻对已有孔扩大加工，用铰刀对孔精加工以及用锪钻对孔口锪削加工等。

　　钻孔是一种粗加工，由于钻头的刚性和精度都相对较差，故尺寸公差等级一般为IT11 ~ IT10，表面粗糙度值 $Ra \geqslant 12.5\mu m$；扩孔的加工质量比钻孔高，一般尺寸公差等级可达 IT10 ~ IT9，表面粗糙度值 $Ra25 \sim 6.3\mu m$；铰孔是一种精加工，由于铰刀的刀齿数量多，切削余量小，故切削阻力小，导向性好，尺寸公差等级一般可达 IT9 ~ IT7，表面粗糙度值可达 $Ra1.6\mu m$。

一、钻削设备

　　模具钳工常用的钻削设备有台式钻床、立式钻床和摇臂钻床等。

　　1. 台式钻床

　　台式钻床简称台钻，其结构如图 3-51 所示，它是一种小型机床，结构简单，操作方便，主要用于加工小型工件上直径 12mm 以下的孔。

　　2. 立式钻床

　　立式钻床简称立钻，其结构如图 3-52 所示。它是钻床中较为普通的一种，结构比较完善，适用于小批量、单件的中型工件孔加工。它主要由主轴、变速箱、进给箱、工作台、立柱和底座等组成。立钻可以完成钻孔、扩孔、铰孔、锪孔和攻螺纹加工。

　　3. 摇臂钻床

　　摇臂钻床适用于在大型工件上进行单孔或多孔加工。Z3040 型摇臂钻床的结构如图 3-53 所示。

　　摇臂钻床有一个能绕立柱旋转的摇臂，主轴箱可在摇臂上做横向移动，并可随摇臂沿立柱上下调

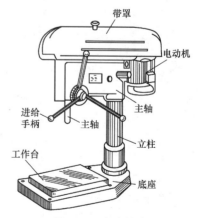

图 3-51　台式钻床

整，主轴箱能方便地调整到需要钻削加工的中心，而工件不需移动。摇臂钻床加工范围大，可用来钻削大型工件的各种通孔、不通孔、螺纹孔等。

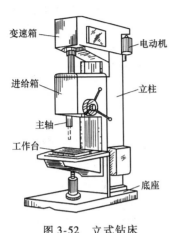

图 3-52 立式钻床

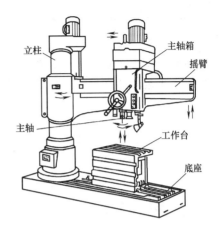

图 3-53 摇臂钻床

二、钻削刀具

钻削用的孔加工刀具包括钻头、扩孔钻、铰刀和锪钻等。

1. 钻头

（1）钻头的结构 钻头又称麻花钻，它主要由柄部、颈部和工作部分组成，其结构如图 3-54 所示。

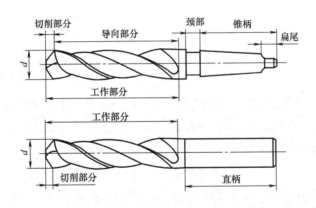

图 3-54 钻头的结构

1）柄部。柄部是钻头的夹持部分，用以定心和传递动力，有锥柄和柱柄两种，一般直径小于 13mm 的钻头做成柱柄；直径大于 13mm 的钻头做成锥柄。

2）颈部。颈部为磨制钻头时供砂轮退刀用，钻头的规格、材料和商标等一般刻印在此。

3）工作部分。工作部分由切削部分和导向部分组成。切削部分由"五刃六面"构成，即两条主切削刃、两条副切削刃、一条横刃、两个前刀面、两个后刀面和两个副后刀面，如图 3-55 所示。切削部分主要起切削作用。导向部分用来保持钻头工作时的正确方向并起修光孔壁的作用，也是切削部分的后备，它有两条螺旋槽，其作用是形成切削刃及容纳和排除切屑，并便于输送切削液。

（2）钻头的角度（图 3-56）

1）前角 γ_o。 前刀面与基面之间的夹角称为前角。由于前刀面是一个螺旋面，所以主切削刃各点前角的大小是不相等的，外缘处的前角最大，可达 30° 左右，自外缘向中心处逐渐减小。在钻心 $D/3$ 范围内为负值，横刃处前角为 $-54° \sim -60°$，接近横刃处前角为 $-30°$。

前角大小决定着切除材料的难易程度和切屑在前刀面上的摩擦阻力大小。前角越大，切削越省力。

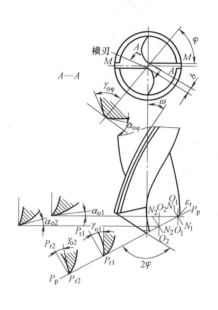

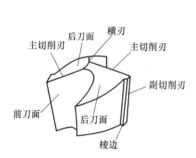

图 3-55 钻头切削部分的构成

图 3-56 钻头的切削角度

2）后角 α_o。 后刀面与切削平面之间的夹角，称为后角。主切削刃上各点的后角刃磨不等，外缘处后角较小，越接近钻心后角越大。外缘处 $\alpha_o = 8° \sim 14°$，横刃处 $\alpha_o = 30° \sim 60°$。

后角的大小影响后刀面与工件切削表面之间的摩擦程度。后角越小，摩擦越严重，但切削刃强度越高。

提示：钻削硬材料时，后角可适当小些，以保证切削刃强度。钻软材料时，后角可稍大些，以使钻削省力。但钻有色金属材料时，后角不宜太大，以免产生自动扎刀现象。

3）顶角 2φ 顶角又称锋角或钻尖角，它是两主切削刃在其平行平面上投影之间的夹角。顶角的大小可根据加工条件由钻头刃磨时决定。标准钻头的顶角 $2\varphi = 118° \pm 2°$，这时两主切削刃呈直线形。若 $2\varphi > 118°$ 时，则主切削刃呈内凹形；若 $2\varphi < 118°$ 时，则主切削刃呈外凸形。

顶角的大小影响主切削刃上进给力的大小。顶角越小，则进给力越小，外缘处刀尖角 ε 越大，有利于散热和提高钻头寿命；但顶角减小后，在相同条件下，钻头所受的转矩增大，切削变形加剧，排屑困难，会妨碍切削液的进入。

4）横刃斜角 ψ　横刃斜角是横刃与主切削刃在钻头端面内的投影之间的夹角。它是在刃磨钻头时自然形成的，其大小与后角和顶角的大小有关。后角刃磨正确的钻头，$\psi =$ 50°~55°。当后角磨得偏大时，横刃斜角就会减小，而横刃的长度会增大。

（3）钻头的刃磨　钻头在使用过程中，为了满足使用要求或钻头磨损后，通常对其切削部分进行修磨，以改善切削性能。

1）钻头的刃磨要求。①顶角为118°±2°；②外缘处后角为10°~14°；③横刃斜角为50°~55°；④两主切削刃长度以及和钻头轴心线组成的两个夹角要相等；⑤两主后面要刃磨光滑。

2）钻头的刃磨。磨钻头前，要将钻头的主切削刃与砂轮面放置在一个水平面上，将主切削刃放在略高于水平中心平面处，如图3-57所示。右手握住钻头头部，左手握住柄部，右手缓慢地使钻头绕自己的轴线由下向上转动，同时施加适当的刃磨压力，这样使整个后面都能磨到。左手配合右手做缓慢的同步下压运动，刃磨压力逐渐加大，这样便于磨出后角，其下压的速度及幅度随要求的后角大小而变。为保证钻头近中心处磨出较大的后角，还应做适当的右移运动。刃磨时两手动作的配合要自然、协调，按此不断反复，两后面要经常轮换，直至达到刃磨要求。

> 提示：钻头刃磨压力不能过大，并要经常冷却，不能使其过热退火而降低硬度。
>
> 钻头刃磨口诀：钻刃摆平轮面靠，钻轴左斜出锋角，由刃向背磨后面，上下摆动尾别翘，保证刃尖对轴线，两边对称慢慢修。

3）钻头的检验。钻头的几何角度及两主切削刃的对称度要求，可利用检验样板进行检验，如图3-58所示。但在刃磨过程中需要经常采用目测法检测。目测时，把钻头切削部分向上竖立，两眼平视，由于两主切削刃一前一后产生视差，往往感到左刃（前刃）高而右刃（后刃）低，所以要旋转180°后反复看几次，如果结果一样，就说明对称了。钻头外缘处的后角要求，可根据外缘处靠近刃口部分的后刀面的倾斜情况来直接目测。靠近中心处的后角要求，可通过控制横刃斜角的合理数值来保证。

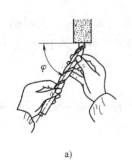

a)　　　　　b)

图3-57　钻头的刃磨

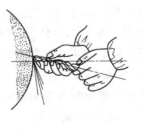

$90° - (\alpha_0 - \omega)$

2φ

图3-58　用样板检验刃磨角度

2. 扩孔钻

扩孔钻由切削部分、导向部分、颈部及柄部组成。按材料分，常用的扩孔钻有高速钢扩孔钻（图 3-59a）和硬质合金扩孔钻（图 3-59b）两种。

由于扩孔条件大大改善，所以扩孔钻的结构与钻头相比有较大的区别，其结构特点如下：

1）因中心不切削，没有横刃，切削刃只做成靠边缘的一段。

2）因扩孔产生切屑体积小，不需要容屑槽，从而扩孔钻可以加粗钻心，提高刚度，使切削平稳。

3）由于容屑槽较小，扩孔钻可做出较多刀齿，增强导向作用。一般整体式扩孔钻有 3 ~ 4 个齿。

4）因切削深度较小，切削角度可取较大值，使切削省力。扩孔钻的切削角度如图 3-60 所示。

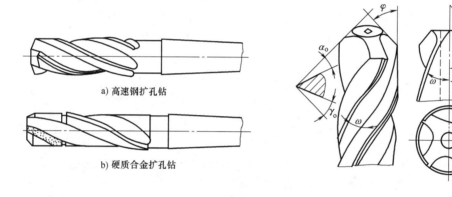

a) 高速钢扩孔钻

b) 硬质合金扩孔钻

图 3-59　扩孔钻的类型　　　　　　图 3-60　扩孔钻的切削角度

3. 锪钻

常用的锪钻有柱形锪钻、锥形锪钻和端面锪钻三种。

（1）柱形锪钻　锪圆柱形埋头孔的锪钻称为柱形锪钻，其结构如图 3-61 所示。柱形锪钻起主要切削作用的是端面切削刃，螺旋槽的斜角就是它的前角（$\gamma_o = \beta_o = 15°$），后角 $\alpha_o = 8°$。锪钻前端有导柱，导柱直径与工件已有孔应为紧密的间隙配合，以保证良好的定心和导向。一般导柱是可拆的，也可以把导柱和锪钻做成一体。

（2）锥形锪钻　锪锥形埋头孔的锪钻称为锥形锪钻，其结构如图 3-62 所示。锥形锪钻的锥角（2φ）按工件锥形埋头孔的要求不同，有 60°、75°、90° 和 120° 四种，其中 90° 用得最多。锥形锪钻直径 d 在 12 ~ 60 mm 之间，齿数为 4 ~ 12 个，前角 $\gamma_o = 0°$，后角 $\alpha_o = 6° ~ 8°$。为了改善钻尖处的容屑条件，每隔一齿将切削刃切去一块。

（3）端面锪钻　专门用来锪平孔口端面的锪钻称为端面锪钻，如图 3-63 所示。其端面刀齿为切削刃，前端导柱用来导向定心，以保证孔端面与孔中心线的垂直度。

4. 铰刀

铰刀的种类很多，模具钳工常用的铰刀有整体圆柱铰刀、可调节手用铰刀、锥铰刀、螺旋槽手用铰刀和硬质合金机用铰刀等。

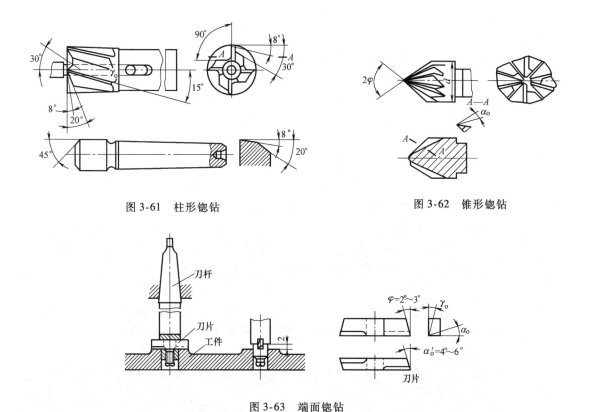

图 3-61 柱形锪钻

图 3-62 锥形锪钻

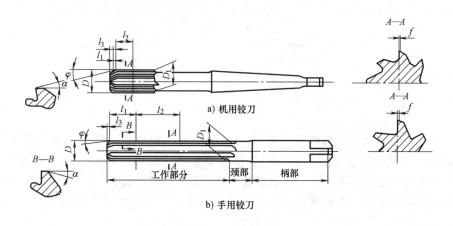

图 3-63 端面锪钻

（1）整体圆柱铰刀　整体圆柱铰刀主要用来铰削标准系列的孔，其结构如图 3-64 所示，它由工作部分、颈部和柄部组成。其中工作部分包括引导部分、切削部分和校准部分。铰刀的主要结构参数有切削锥角、切削角度、刃带宽度、齿数和直径等。

a) 机用铰刀

b) 手用铰刀

图 3-64 整体圆柱铰刀

1）切削锥角。切削锥角 2φ 决定铰刀切削部分的长度，对切削力的大小和铰削质量有较大的影响。适当减小切削锥角是获得较小表面粗糙度值的重要条件。一般手用铰刀的 $\varphi = 30' \sim 1°30'$，这样定心作用较好，铰削时进给力小，工作省力。

2）切削角度。铰孔的切削余量很小，切削变形也小，一般铰刀切削部分的前角 $\gamma_o =$

$0° \sim 3°$，校准部分的前角 $\gamma_o = 0°$，使铰削近于刮削，以减小孔壁粗糙度值。后角一般磨成 $6° \sim 8°$。

3）刃带宽度。校准部分的切削刃上留有无后角的棱边。其作用是引导铰刀的铰削方向和修整孔的尺寸，也便于测量铰刀的直径。刃带宽度 $f = 0.1 \sim 0.3mm$。

4）倒锥量。为了避免铰刀校准部分的后面摩擦孔壁，在校准部分磨出倒锥量。机铰刀校准部分较短，倒锥量较大（$0.04 \sim 0.08mm$）；手用铰刀校准部分较长，整个校准部分都做成倒锥，倒锥量较小（$0.005 \sim 0.008mm$）。

5）齿数。为了获得较高的铰孔质量，一般手用铰刀的齿距在圆周上不是均匀分布的，而机用铰刀都做成等距分布，如图 3-65 所示。当直径小于 20mm 时，齿数 $z = 6 \sim 8$；当直径在 $20 \sim 50mm$ 时，$z > 8$。为便于测量，铰刀的齿数多取偶数。

提示：采用不等齿距的铰刀，铰孔时切削刃不会在同一地点停歇而使孔壁产生凹痕，从而能将硬点切除，提高了铰孔质量。

6）直径。铰刀直径是铰刀最基本的结构参数，其精确程度直接影响铰孔的精度。新购买的铰刀一般留有 $0.005 \sim 0.02mm$ 的研磨量，使用者根据需要尺寸进行研磨。

提示：铰孔后有时可能会出现收缩或扩张的现象，一般应根据实际情况来决定铰刀的直径。

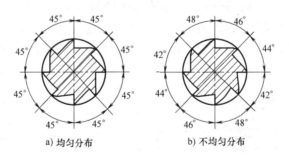

a）均匀分布　　　　b）不均匀分布

图 3-65　铰刀刀齿分布

（2）可调节手用铰刀　可调节手用铰刀在单件生产和修配工作中用来铰削非标准孔，其结构如图 3-66 所示，它由刀体、刀齿条及调节螺母等组成。刀体上开有 6 条斜底直槽，具有相同斜度的刀齿条嵌在槽内，并用两端螺母压紧，固定刀齿条，调节两端螺母可使刀齿条在槽中沿斜底槽移动，从而改变铰刀直径。标准可调节手铰刀，其直径范围为 $6 \sim 54mm$。

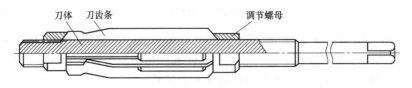

刀体　刀齿条　　　　　　　调节螺母

图 3-66　可调节手用铰刀

可调节手用铰刀刀体用 45 钢制作，直径小于或等于 12.75mm 的刀齿条，用合金工具钢制作，直径大于 12.75mm 的刀齿条，用高速钢制作。

（3）螺旋槽手用铰刀　螺旋槽手用铰刀用来铰削带有键槽的孔。用普通铰刀铰削带有键槽的孔时，切削刃易被键槽边勾住，造成铰孔质量的降低或无法铰削。螺旋槽手用铰刀的切削刃沿螺旋线分布，如图 3-67 所示。铰削时，多条切削刃同时与键槽边产生点的接触，切削刃不会被键槽边勾住，铰削阻力沿圆周均匀分布，铰削平稳，铰出的孔光滑。铰刀的螺旋槽方向一般是左旋，可避免铰削时因铰刀顺时针转动而产生自动旋进的现象，左旋的切削刃还能将铰下的切屑推出孔外。

图 3-67　螺旋槽手用铰刀

（4）锥铰刀　锥铰刀用来铰削圆锥孔，如图 3-68 所示。常用的锥铰刀有以下几种：

1）1:10 锥铰刀。主要用来铰削联轴器上的锥孔。

2）莫氏锥铰刀。用来铰削 0 号 ~6 号莫氏锥孔。

3）1:30 锥铰刀。用来铰削套式刀具上的锥孔。

4）1:50 锥铰刀。用来铰削定位销孔。

1:10 锥孔和莫氏锥孔的锥度较大，为了铰孔省力，这类铰刀一般制成两至三把一套，其中一把精铰刀，其余是粗铰刀。两把一套的锥铰刀，粗铰刀的切削刃上开有螺旋形分布的分屑槽，以减轻切削负荷。

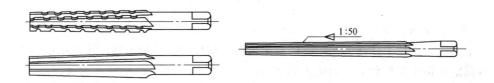

图 3-68　成套锥铰刀

三、工件装夹

钻孔前一般都须将工件夹紧固定，以防钻孔时工件移动折断钻头或使钻孔位置偏移。工件夹紧的方法，主要根据工件的大小、形状以及钻削大小等情况，采用不同的装夹（定位和夹紧）方法，以保证钻孔的质量和安全。常用的基本装夹方法有以下几种：

1. 不用装夹

在钻 8mm 以下的小孔，工件又可以用手握紧时，可不用装夹，而直接用手握住工件钻孔。此方法比较方便，但工件上锋利的边、角必须倒钝。有些长工件虽可用手握住，但还应在钻床台面上用螺钉靠住，如图 3-69 所示。当孔将钻穿时，减慢进给速度，以防发生事故。

2. 用平口虎钳夹持

在平整工件上钻孔，一般把工件夹持在机用平口虎钳上，如图 3-70 所示。装夹时，应使工件表面与钻头垂直。钻孔直径较大时，必须将机用平口钳用螺钉固定在钻床工作台上，以减少钻孔时的振动。另外，还要注意工件底部应垫上垫铁，并空出落钻部位，以免钻坏机用平口钳。

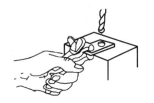

图 3-69　钻小孔时的装夹

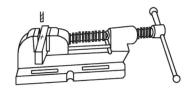

图 3-70　机用平口钳夹持

3. 用 V 形块配以压板夹持

在套筒或圆柱形工件上钻孔，一般把工件放在 V 形块上并配以压板压紧，以免工件在钻孔时转动。装夹时应使钻头轴心线与 V 形块两斜面的对称平面重合，保证钻出孔的中心线通过工件轴心线，如图 3-71 所示。

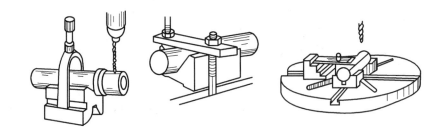

图 3-71　用 V 形块、压板夹持圆柱形工件

4. 用压板装夹

一般用压板夹持工件钻大孔。不适宜用机用平口虎钳夹持的工件，可直接用压板、螺栓把工件固定在钻床工作台上，如图 3-72 所示。

　　提示：使用压板时要注意以下几点：①压板和螺栓应尽量靠近工件，使压紧力较大。②垫铁应比工件的压紧表面稍高，这样即使压板略有变形，着力点也不会偏在工件边缘处，而且有较大的压紧面积。③对已精加工过的压紧表面，应垫以铜皮、铝皮等材料，以免压出印痕。

5. 用角铁装夹

当底面平整或加工基准在侧面的工件，可用角铁装夹，如图 3-73 所示。由于钻孔进给的轴向钻削力作用在角铁安装平面之外，故角铁必须用压板固定在钻床工作台上。

6. 用自定心卡盘装夹

圆柱形工件在端面钻孔，可利用自定心卡盘进行装夹，如图 3-74 所示。

7. 用钻床夹具夹持工件

对一些钻孔要求较高，零件批量较大的工件，可根据工件的形状、尺寸、加工要求，采用专用的钻床夹具来夹持工件，如图 3-75 所示。利用钻床夹具夹持工件，可提高钻孔精度，并可节省划线等辅助时间，提高了劳动生产率。

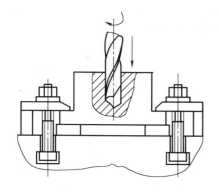

图3-72 用压板夹持工件

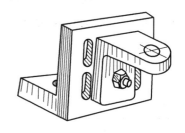

图3-73 角铁装夹工件

图3-74 自定心卡盘装夹工件

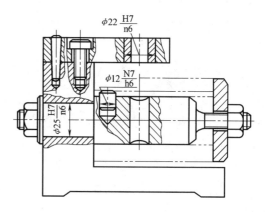

图3-75 用钻床夹具夹持工件

四、钻削方法

1. 钻削前的划线

为便于找正和检查，钻孔前，一般要按钻孔位置尺寸的要求，划出孔的十字中心线并打上中心冲眼，再按孔的大小划出孔的圆周线。

对于直径较大的孔，应划出几个大小不等的检查圆（图3-76a），以便钻孔时检查并校正钻孔的位置；当钻孔的位置精度要求较高时，可直接划出以孔中心线为对称中心的几个大小不等的方格（图3-76b），作为钻孔时的检查线。然后将中心样冲眼敲大，以便准确落钻定心。

2. 切削用量的选择

切削用量包括背吃刀量、进给量和切削速度。钻削时称为钻削用量。

选择切削用量的目的，是在保证加工精度和表面粗糙度值及保证刀具寿命的前提下，使生产率最高，同时不允许超过机床的功率和机床、刀具、工件等的强度和刚度的承受范围。在钻削加工时，由于背吃刀量已由刀具直径决定，所以只需选择切削速度和进给量即可。

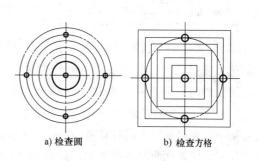

a) 检查圆　　　b) 检查方格

图3-76 孔位检查形式

（1）钻孔时切削用量的选择

1）背吃刀量的选择。直径小于30mm的孔一次钻出；直径30~80mm的孔可分两次钻削，先用（0.5~0.8）D的钻头钻底孔，再用直径D的钻头将孔扩大加工。这样可以减小背吃刀量及轴向力，保护机床，同时提高钻孔质量。

2）进给量的选择。高速钢标准钻头钻孔的进给量见表3-11。

表3-11 高速钢标准钻头钻孔的进给量

钻头直径 D/mm	<3	3~6	>6~12	>12~25	>25
进给量 f/（mm/r）	0.025~0.05	>0.05~0.10	>0.10~0.18	>0.18~0.38	>0.38~0.62

孔的精度要求较高、表面粗糙度值要求较小时，应取较小的进给量；钻孔较深、钻头较长、刚度和强度较差时，也应取较小的进给量。

3）钻削速度的选择。当钻头的直径和进给量确定后，钻削速度应按钻头的寿命取合理的数值。可根据经验选取，也可查阅手册选取。

提示：用高速钢钻头钻铸铁件时，钻削速度$v = 14~22$m/min；钻钢件时取$16~24$m/min；钻青铜或黄铜时$30~60$m/min。

（2）扩孔时切削用量的选择 扩孔时，进给量一般为钻孔时的1.5~2倍，切削速度为钻孔的1/2。

（3）锪孔时切削用量的选择 锪孔时，进给量为钻孔的2~3倍；切削速度为钻孔的1/3~1/2。

（4）铰孔时切削用量的选择 铰孔时的切削用量称为铰削用量，包括铰削余量、切削速度和进给量。

1）铰削余量的选择。选择铰削余量时，应考虑孔径的大小、材料硬度、尺寸精度、表面粗糙度值要求及铰刀类型等诸因素的综合影响。用普通标准高速钢铰刀铰孔时铰削余量的选择见表3-12。

表3-12 高速钢铰刀铰孔的铰削余量

铰孔直径/mm	<5	5~20	21~32	33~50	51~70
铰削余量/mm	0.1~0.2	0.2~0.3	0.3	0.5	0.8

2）机铰切削速度的选择。为了得到较小的表面粗糙度值，必须避免产生刀瘤，减少切削热及变形，因而应采取较小的切削速度。用高速钢铰刀铰削钢件时，$v = 4~8$m/min；铰削铸铁件时，$v = 6~8$m/min；铰削铜件时，$v = 8~12$m/min。

3）机铰进给量的选择。进给量要适当，过大铰刀易磨损，也影响加工质量；过小则很难切下金属材料，形成对材料的挤压，使其产生塑性变形和表面硬化，最后形成切削刃撕去大片切屑，使表面粗糙度值增大，并加快铰刀磨损。机铰钢件及铸铁件时，$f = 0.5~1$mm/r；机铰铜和铝件时，$f = 1~1.2$mm/r。

> 提示：铰孔时铰削余量不能太大，也不能太小。铰削余量过大，会使刀齿切削负荷增大，变形增大，切削热增加，被加工表面呈撕裂状态，致使尺寸精度降低，表面粗糙度值增大，同时加剧铰刀磨损；铰削余量也不宜太小，否则，上道工序的残留变形难以纠正，原有刀痕不能去除，铰削质量达不到要求。

3. 钻削要点

（1）钻孔要点　钻孔开始时，先调整钻头或工件的位置，使钻尖对准钻孔中心，然后试钻一浅坑，如果钻出的浅坑与所划的钻孔圆周线不同心，可移动工件或钻床主轴予以找正。若钻头较大，或浅坑偏得较多，用移动工件或钻头的方法很难取得效果，这时可在原中心孔上用样冲加深样冲眼深度或用油槽錾錾几条沟槽，如图3-77所示，以减小此处的切削阻力，使钻头偏移过来，达到找正的目的。

当试钻达到同心要求后继续钻孔，孔将要钻穿时，必须减小进给量。如采用自动进给，此时最好改为手动进给，以减少孔口的毛刺，并防止钻头折断或钻孔质量降低等现象；钻不通孔时，可按钻孔深度调整挡块，并通过测量实际尺寸来控制钻孔深度。

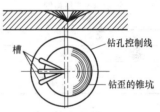

图3-77　找正起钻偏位的孔

钻深孔时，一般钻进深度达到直径的3倍时，钻头要退出排屑，以后每钻进一定深度，钻头即退出排屑一次，以免切屑阻塞而扭断钻头。

（2）扩孔要点　扩孔时为了保证扩大的孔与先钻的小孔同轴，应该在不改变工件和机床主轴相互位置的情况下，立即换上扩孔钻进行扩大加工。这样可使钻头与孔的中心重合，使切削均匀平稳，保证加工质量。

一般情况下，扩孔开始时的进给量应缓慢，因开始扩孔时的切削阻力很小，容易扎刀，待扩大孔的圆周形成后，经检测无差错再转入正常扩孔。

（3）锪孔要点　锪锥形孔时，孔底面要求选用锥形锪孔钻。锪深一般控制在埋头螺钉装入后低于工件表面约0.5mm。加工表面无振痕。

锪柱形埋头孔时，孔底面平整并与底孔轴线垂直，加工表面无振痕。

（4）铰孔要点

1）在手铰起铰时，可用右手通过铰孔轴线施加进刀压力，左手转动铰刀。正常铰削时，两手用力要均匀、平稳地按顺时针方向旋转，同时适当向下加压，不得有侧向压力，使铰刀均匀地进给，以保证铰刀正确引进和获得较小的表面粗糙度值，并避免孔口喇叭状或将孔径扩大。

2）铰刀铰孔或退回铰刀时，铰刀均不得反转，以防止刃口磨钝以及切屑嵌入刀具与孔壁间，将已铰好的孔壁划伤。

3）机铰时，应使工件一次装夹进行钻、铰，以保证铰刀中心线与钻孔中心线一致。铰削完毕，要退出铰刀再停止钻床，以防孔壁拉出痕迹。

4）铰削尺寸较小的圆锥孔，可按小端直径并留取圆柱孔精铰余量钻出圆柱孔，然后再用圆锥铰刀铰削即可。对尺寸和深度较大的锥孔，为减少铰削余量，铰孔前可先钻出阶梯孔（阶梯孔的最小直径按锥铰刀小端直径确定），如图3-78所示，然后再用铰刀铰削。

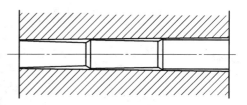

图3-78　钻阶梯孔

4. 切削液的选择

（1）钻孔时切削液的选用　钻孔时，为了使钻头散热冷却，减少钻头与工件、切屑之间的摩擦以及消除黏附在钻头和工件表面上的积屑瘤，降低切削抗力，提高钻头寿命和改善加工孔的表面质量，钻孔时要加注足够的切削液。钻各种材料时选用的切削液见表3-13。

表3-13　钻孔时切削液的选用

工件材料	切削液
各类结构钢	3%～5%（质量分数，下同）乳化液；7%硫化乳化液
不锈钢、耐热钢	3%肥皂加2%亚麻油水溶液；硫化切削油
纯铜、黄铜、青铜	不用；5%～8%乳化液
铸铁	不用；5%～8%乳化液；煤油
铝合金	不用；5%～8%乳化液；煤油；煤油与菜油的混合油
有机玻璃	5%～8%乳化液；煤油

（2）铰孔时切削液的选用　铰孔时产生的热量容易引起工件和铰刀的变形，从而降低铰刀的寿命。铰削的切屑容易附在切削刃上，不仅能拉伤孔壁，还可能使孔径扩大。因此，铰孔时应合理选择切削液，见表3-14。

表3-14　铰孔时切削液的选用

工件材料	切削液
钢材	10%～20%乳化液；铰孔精度要求较高时，采用30%菜油加70%乳化液；高精度铰孔时，用菜油、柴油、猪油
铸铁	不用；煤油，但会引起孔径缩小，最大收缩量可达0.02～0.04mm；选用低浓度乳化液
铜	2号锭子油；菜油
铝	2号锭子油；2号锭子油与蓖麻油的混合油；煤油与菜油的混合油

五、钻削的安全操作规程

在钻床上进行钻削加工时，一定要严格遵守安全操作规程，确保人身和设备安全。

1）钻孔前，清理好工作场地，检查钻床安全设施是否齐备，润滑状况是否正常。

2）扎紧衣袖，戴好工作帽，严禁戴手套操作钻床。

3）开动钻床前，检查钻夹头钥匙或楔铁是否插在钻床主轴上。

4）工件应装夹牢固，不能用手扶持工件钻孔。

5）清除切屑时不能用嘴吹，不能用手拉，要用毛刷清扫，缠绕在钻头上的长切屑，应停车用铁钩去除。

6）停车时应让主轴自然停止，严禁用手制动。

7）严禁在开车状态下测量工件或变换主轴转速。

8）清洁钻床或加注润滑油时，应切断电源。

 **任务实施**

六、制作孔板

1）研究图样，小组成员讨论制定加工工艺。

2）检查来料尺寸，各边缘修整去毛刺。

3）各表面涂色。

4）准备工、卡、量、夹、刃具，调整设备。

5）按锉削平行面和垂直面的方法修整四方铁，使其尺寸达到 60mm × 60mm × 20mm，保证垂直度、平行度公差不超过 0.05mm 的要求，并去毛刺。

6）从 A、B 基准面出发，划 $2 × \phi5$mm 通孔中心线；划 $2 × \phi10$mm 通孔中心线；划 $4 × \phi6$mm 通孔中心线；用游标卡尺复查，使孔距准确。

7）用样冲打正样冲眼。

8）用划规分别划 $2 × \phi5$mm、$2 × \phi10$mm、$4 × \phi6$mm 孔的线。

9）分别钻 $2 × \phi4.5$mm 通孔、$2 × \phi9.8$mm 通孔、$4 × \phi6$mm 通孔，孔间距达到图样要求。

10）用柱形锪钻锪 $2 × \phi10$mm 孔，用 90°锥形锪钻锪 90°孔。零件翻转 180°按上述方法锪另一面。

11）用机铰刀在立式钻床或摇臂钻床上铰 $2 × \phi10$H7 通孔和 1:50 锥孔。

12）全面尺寸复检，锐边倒角去毛刺。

 任务评价

任务评分表见表 3-15。

表 3-15　制作孔板评分表

序号	项目与技术要求	配分	考核标准	得分
1	工、卡、量、夹、刀具准备齐全	10	每少一种扣 1 分	
2	铰 1:50 锥孔	12	根据检测情况酌情扣分	
3	铰 $2 × \phi10$H7	10	根据检测情况酌情扣分	
4	钻 $4 × \phi6$mm	4	根据检测情况酌情扣分	
5	锪 $2 × \phi10$mm（4 处）	12	根据检测情况酌情扣分	
6	锪孔深 $6^{+0.5}_{0}$ mm	3	根据检测情况酌情扣分	
7	锪 90°锥孔，Ra 12.5μm	8	根据检测情况酌情扣分	
8	$4 × C0.5$	8	根据检测情况酌情扣分	
9	孔距 $20 ± 0.1$mm（2 处）、$(30 ± 0.15)$mm	9	超 0.05mm 扣 1 分	
10	孔距$(50 ± 0.1)$mm、$(50 ± 0.15)$mm、$(10 ± 0.15)$mm	9	超 0.05mm 扣 1 分	
11	孔距$(8 ± 0.2)$mm、$(22 ± 0.2)$mm、$(38 ± 0.1)$mm	9	超 0.05mm 扣 2 分	
12	孔距$(38 ± 0.2)$mm、$(52 ± 0.2)$mm	6	超 0.05mm 扣 2 分	
13	安全文明操作，遵守"7S"管理规范		违反相关规定酌情扣 10 ~ 20 分	
14	工时定额 540min		每超时 10min 扣 5 分；超 20min 不得分	

复习与思考

1. 模具钳工常用的钻床有哪几种？

2. 钻头由哪几部分组成？各部分的作用是什么？

3. 钻头常用的角度有哪几个？作用是什么？

4. 钻头的刃磨要求是什么?

5. 简述钻头的刃磨方法。

6. 扩孔钻的结构有什么特点?

7. 常用的锪钻有哪几种? 各用于什么场合?

8. 模具钳工常用的铰刀有哪几种?

9. 铰刀的主要结构参数有哪些?

10. 螺旋槽铰刀主要用在什么地方?

11. 钻削时常用的工件装夹方法有哪些?

12. 使用压板装夹工件时, 要注意什么问题?

13. 扩孔和锪孔时的切削用量如何选择?

14. 铰孔时, 铰削余量为什么不能太大, 也不能太小?

15. 简述钻削时的安全操作规程。

任务5 模具零件螺纹加工

任务描述

校办工厂现有一批螺纹孔板和螺柱的外协加工件, 如图 3-79 所示。材料: 螺纹孔板为 HT200, 毛坯料尺寸为 80mm×58mm×22mm; 双头螺柱为 45 钢, 毛坯料有三种规格。工时定额: 6h。

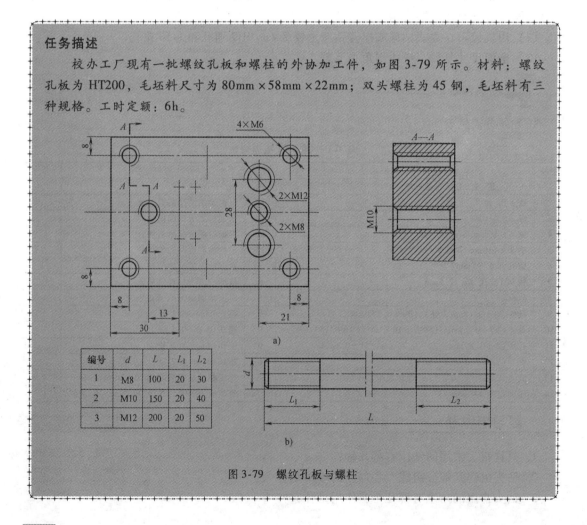

编号	d	L	L_1	L_2
1	M8	100	20	30
2	M10	150	20	40
3	M12	200	20	50

图 3-79 螺纹孔板与螺柱

知识目标

    1. 了解螺纹在模具加工中的作用。

    2. 熟悉螺纹的种类及应用

    3. 掌握螺纹基本要素的相关知识。

    4. 熟悉丝锥与板牙的结构。

    5. 掌握内、外螺纹的加工方法。

能力目标

    1. 能独立识图，能够从网络或书籍上获取模具零件螺纹加工的相关知识。

    2. 能与同伴合作正确制定螺纹孔板和双头螺柱的加工工艺。

    3. 能够正确选择工、卡、量、夹、刀具，进行模具零件的螺纹加工。

    4. 能够正确计算攻螺纹前底孔的直径与深度、套螺纹前圆杆的直径。

    5. 会根据图样要求，较熟练地运用丝锥与板牙加工内、外螺纹，并达到技术要求。

    6. 在教师的指导下，能够初步学习丝锥的修磨技能。

    7. 小组成员能够初步分析螺纹加工中出现的问题，并能够进行预防。

 相关知识

    螺纹是模具零件上常用的一种配合结构，它一般是内、外螺纹成对出现的。

    用丝锥在工件内孔中切削出内螺纹的加工方法称为攻螺纹；用板牙在圆棒上切削出外螺纹的加工方法称为套螺纹。在单件小批生产中一般采用手动加工螺纹，大批量生产中则多采用机动加工螺纹。

一、螺纹的基础知识

    1. 螺纹的种类

    螺纹的分类方法很多。按螺纹牙型不同可分为三角形、梯形、矩形、锯齿形和圆弧形等；按螺纹作用不同可分为联接螺纹和传动螺纹；按旋向不同可分为左旋和右旋；按螺纹线数不同可分为单线和多线；按螺纹母体形状不同可分为圆柱螺纹和圆锥螺纹等。螺纹的一般分类方法如图 3-80 所示。

```
                                    ┌ 普通螺纹 ┌ 粗牙螺纹
                          ┌ 三角螺纹 ┤          └ 细牙螺纹
                          │          └ 寸制螺纹
                          │          ┌ 55°密封管螺纹
                          │ 管螺纹 ┤ 55°非密封管螺纹
                 ┌ 标准螺纹┤          └ 60°密封管螺纹
                 │        │ 梯形螺纹 ┌ 米制梯形螺纹
                 │        │          └ 寸制梯形螺纹
                 │        └ 锯齿形螺纹
        螺纹种类 ┤
                 │ 特殊螺纹（螺纹牙型符合标准螺纹规定，
                 │          而大径和螺距不符合标准）
                 └ 非标准螺纹（有矩形螺纹和平面螺纹等）
```

图 3-80 螺纹的分类方法

    2. 螺纹的基本要素

    螺纹的基本要素主要包括牙型、直径、线数、螺距和导程、旋向、旋合长度等。

    （1）牙型 牙型是通过螺纹轴线剖面上螺纹的轮廓形状，常见的螺纹剖面形状如图 3-81 所示。

    （2）直径 螺纹的直径包括大径、小径和中径，如图 3-82 所示。

    1）大径。与外螺纹牙顶或内螺纹牙底相切的假想圆柱面的直径称为大径。大径是螺纹的最大直径（外螺纹的牙顶直径 d、内螺纹的牙底直径 D）。普通螺纹的大径即为公称直径。

2）小径。与外螺纹牙底或内螺纹牙顶相切的假想圆柱面的直径称为小径。小径是螺纹的最小直径（外螺纹的牙底直径 d_1，内螺纹的牙顶直径 D_1）。

3）中径。一个假想圆柱的直径，该圆柱的母线通过牙型上沟槽和凸起宽度相等的地方。该假想圆柱称为中径圆柱（外螺纹的中径 d_2，内螺纹的中径 D_2）。

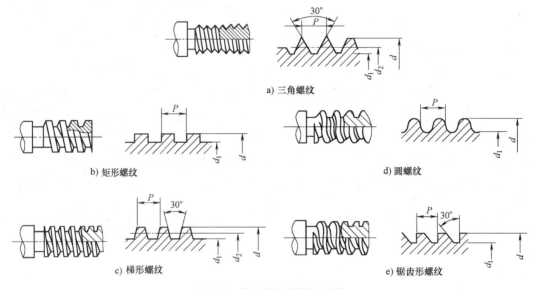

a) 三角螺纹

b) 矩形螺纹　　　　　　　　　　　　　d) 圆螺纹

c) 梯形螺纹　　　　　　　　　　　　　e) 锯齿形螺纹

图 3-81　常见螺纹的剖面形状

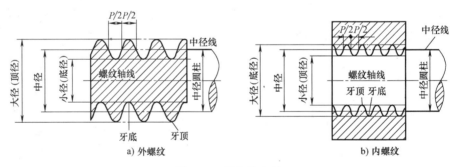

a) 外螺纹　　　　　　　　　　　　　b) 内螺纹

图 3-82　螺纹的直径

（3）线数　一个双圆柱面上的螺旋线的数目称为线数，有单线、双线和多线几种。

（4）螺距和导程　相邻两牙在中径线上对应两点间的轴向距离称为螺距（P）。同一条螺旋线上的相邻两牙在中径线上对应两点间的轴向距离称为导程（P_h），如图 3-83 所示。

　　　　　　提示：对于单线螺纹，螺距等于导程；对于多线螺纹，导程等于螺距乘以线数。

（5）旋向　螺纹在圆柱面上的绕行方向称为旋向，螺纹有右旋（正扣）和左旋（反扣）两种。顺时针旋转时旋入的螺纹称为右旋螺纹，逆时针旋转时旋入的螺纹称为左旋螺纹。判断螺纹旋向的方法如图 3-84 所示。

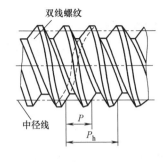

图 3-83 螺纹的螺距、导程和线数（双线）

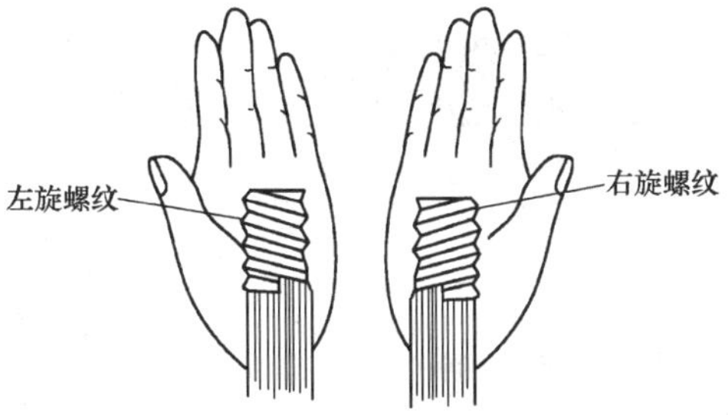

图 3-84 螺纹旋向判断方法

（6）旋合长度 两个相互配合的螺纹，沿螺纹轴线方向相互旋合部分的长度，称为螺纹旋合长度。螺纹的旋合长度分为短（S）、中（N）和长（L）三组。

二、加工螺纹的工具

1. 攻螺纹的工具

（1）丝锥 丝锥也叫丝攻，是用高速钢制成的一种加工内螺纹的多刃刀具，常用的有手用丝锥、机用丝锥、管螺纹丝锥和挤压丝锥等，如图 3-85 所示。

1）丝锥的构造。丝锥由工作部分和柄部组成，如图 3-86 所示。柄部有方榫，用来传递转矩，工作部分包括切削部分和校准部分。

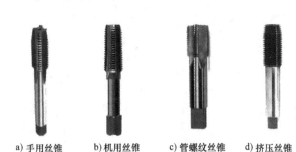

a) 手用丝锥   b) 机用丝锥   c) 管螺纹丝锥   d) 挤压丝锥

图 3-85 常用丝锥种类

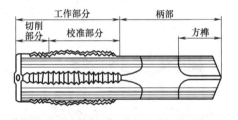

图 3-86 丝锥的结构

丝锥沿轴向开有几条容屑槽，以形成切削刃和容纳切屑。在切削部分前端磨出锥角，使切削负荷分布在几个刀齿上，从而使切削省力，刀齿受力均匀，不易崩刃或折断，丝锥也容易正确切入。

校准部分有完整的齿形，用来校准已切出的螺纹，并保证丝锥沿轴向运动。校准部分有 $0.05 \sim 0.12 mm/100mm$ 的倒锥，以减小与螺孔的摩擦。

2）成组丝锥。为了减小切削力和延长丝锥的使用寿命，一般将整个切削量分配给几支丝锥来承担。通常 M6 ~ M24 的丝锥两支一组；M6 以下及 M24 以上的丝锥三支一组；细牙螺纹丝锥两支一组。

在成组丝锥中，切削量的分配通常有锥形分配（图 3-87a）和柱形分配（图 3-87b）两种。

锥形分配中，每组丝锥的大径、中径和小径都相等，只是切削部分的锥角及长度不同。

柱形分配中，其头锥、二锥的大径、中径、小径都比三锥小，这种丝锥的切削量分配比

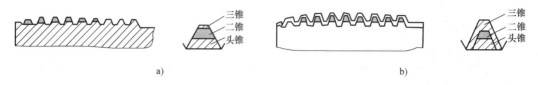

图 3-87　成组丝锥切削量分配

较合理，三支一组的丝锥按 6:3:1 分配切削量，两支一组按 7.5:2.5 分配切削量。

　　提示：锥形分配切削量的丝锥叫等径丝锥，柱形分配切削量的丝锥叫不等径丝锥。一般大于或等于 M12 的丝锥采用柱形分配，小于 M12 的丝锥采用锥形分配。

（2）铰杠　铰杠是手工攻螺纹时用来夹持丝锥柄部的工具，分普通铰杠（图 3-88）和丁字铰杠（3-89）两类。各类铰杠又分为固定式和活络式两种，其中丁字铰杠用于在高凸台旁边或箱体内部攻螺纹，活络式丁字铰杠用于 M6 以下的丝锥，普通铰杠固定式用于 M5 以下的丝锥。

铰杠的方孔尺寸和柄的长度都有一定规格，使用应按丝锥尺寸大小，按表 3-16 合理选取。

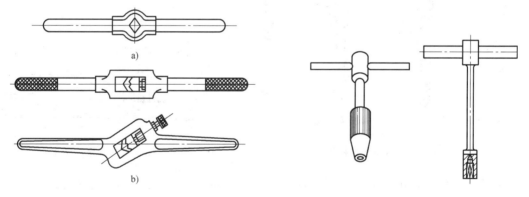

图 3-88　普通铰杠　　　　　图 3-89　丁字铰杠

表 3-16　活络铰杠适用范围

活络铰杠规格/in	6	9	11	15	19	24
适用丝锥范围	M5 ~ M8	M8 ~ M12	M12 ~ M14	M14 ~ M16	M16 ~ M22	M24 以上

2. 套螺纹的工具

（1）板牙　板牙是用合金工具钢或高速钢制作，并经淬火处理的一种多刃外螺纹加工刀具。按其外形和用途不同可分为圆板牙、管螺纹圆板牙、六角板牙、方板牙、管形板牙和硬质合金板牙等，如图 3-90 所示。其中圆板牙应用最广。

圆板牙由切削部分、校准部分和排屑孔组成，其外形像一个圆螺母，在它上面钻有几个排屑孔（一般 3 ~ 8 个孔，螺纹直径大则孔多）形成切削刃，如图 3-91 所示。

a) 圆板牙   b) 管螺纹圆板牙   c) 六角板牙   d) 硬质合金板牙

图 3-90 板牙的种类

圆板牙两端的锥角部分是切削部分，切削部分不是圆锥面，而是经过铲磨而形成的阿基米德螺旋面，能形成后角，$\alpha = 7° \sim 9°$。

圆板牙的前面是排屑孔，故前角数值沿切削刃变化，如图 3-92 所示。在小径处前角最大，大径处前角最小。一般 $\gamma_d = 8° \sim 12°$；粗牙 $\gamma_d = 30° \sim 35°$，细牙 $\gamma_d = 25° \sim 30°$。

图 3-91 圆板牙结构

图 3-92 圆板牙的前角变化

锥角的大小，一般是 $\varphi = 20° \sim 25°$（$2\varphi = 40° \sim 50°$）。

板牙的中间一段是校准部分，也是套螺纹时的导向部分。板牙两端都有切削部分，待一端磨损后，可换另一端使用。

（2）板牙架 板牙架是手工套螺纹时装夹板牙的工具，如图 3-93 所示。板牙架外圆旋有四只紧定螺钉和一只调松螺钉。使用时，紧定螺钉将板牙紧固在板牙架中，并传递套螺纹的转矩。当使用的圆板牙带有 V 形调整通槽时，通过调节上面两只紧定螺钉和一只调整螺钉，可使板牙在一定范围内变动。

三、螺纹加工的方法

1. 攻螺纹的方法

（1）攻螺纹前底孔直径和深度的确定

攻螺纹时，丝锥在切削金属的同时，还伴随着较强的挤压作用，使金属产生塑性变形形成凸起并挤向牙尖，如图 3-94 所示，使攻出螺纹的小径小于底孔直径。所以，一般情况下攻螺纹前的底孔直径应稍大于螺纹小径。

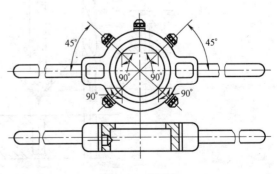

图 3-93 板牙架

在加工钢料及塑性金属时，一般按下式计算：

$$D_{钻} = D - P$$

在加工铸铁及脆性金属时，一般按下式计算：

$$D_{钻} = D - (1.05 \sim 1.1)P$$

式中　$D_{钻}$——钻螺纹底孔时的钻头直径（mm）；

　　　D——螺纹大径（mm）；

　　　P——螺距（mm）。

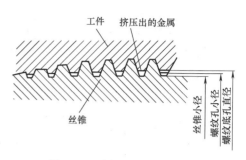

图 3-94　攻螺纹时的挤压现象

若为盲孔时，由于丝锥切削部分有锥角，端部不能切出完整的牙型，所以钻孔深度要大于螺纹的有效深度，如图 3-95 所示。一般按下式进行计算：

$$H_{钻} = h_{有效} + 0.7D$$

式中　$H_{钻}$——底孔深度（mm）；

　　　$h_{有效}$——螺纹有效深度（mm）；

　　　D——螺距（mm）。

（2）攻螺纹的要点

1）划线，钻底孔。根据经验公式进行计算或根据表 3-17 确定底孔直径，选用钻头。

2）孔口倒角。钻孔后在螺纹底孔的孔口倒角，通孔螺纹两端都应倒角，倒角处直径可略大于螺孔大径，这样可使丝锥开始切削时容易切入，并可防止孔挤压出凸边。倒角可用普通钻头，也可用 90°锪钻。攻螺纹的基本步骤如图 3-96 所示。

3）装夹工件。工件通常夹持在台虎钳上攻螺纹，但较小的工件可以放平，左手握紧工件，右手使用铰杠攻螺纹。

4）选铰杠。按照丝锥柄部的方头尺寸来选用铰杠。

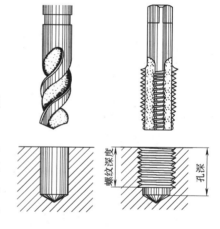

图 3-95　攻螺纹底孔深度的确定

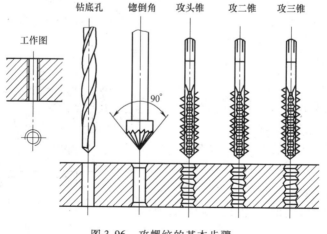

图 3-96　攻螺纹的基本步骤

表 3-17 攻普通螺纹钻底孔的钻头直径 　　　　　(单位：mm)

螺纹直径 D	螺距 P	钻头直径 $D_钻$		螺纹直径 D	螺距 P	钻头直径 $D_钻$	
		铸铁、青铜、黄铜	钢、可锻铸铁、纯铜、层压板			铸铁、青铜、黄铜	钢、可锻铸铁、纯铜、层压板
2	0.4	1.6	1.6	14	2	11.8	12
	0.25	1.75	1.75		1.5	12.4	12.5
					1	12.9	13
2.5	0.45	2.05	2.05	16	2	13.8	14
	0.35	2.15	2.15		1.5	14.4	14.5
					1	14.9	15
3	0.5	2.5	2.5	18	2.5	15.3	15.5
	0.35	2.65	2.65		2	15.8	16
					1.5	16.4	16.5
4	0.7	3.3	3.3		1	16.9	17
	0.5	3.5	3.5	20	2.5	17.3	17.5
5	0.8	4.1	4.2		2	17.8	18
	0.5	4.5	4.5		1.5	18.4	18.5
					1	18.9	19
6	1	4.9	5	22	2.5	19.3	19.5
	0.75	5.2	5.2		2	19.8	20
8	1.25	6.6	6.7		1.5	20.4	20.5
	1	6.9	7		1	20.9	21
	0.75	7.1	7.2	24	3	20.7	21
10	1.5	8.4	8.5		2	21.8	22
	1.25	8.6	8.7		1.5	22.4	22.5
	1	8.9	9		1	22.9	23
	0.75	9.1	9.2				
12	1.75	10.1	10.2				
	1.5	10.4	10.5				
	1.25	10.6	10.7				
	1	10.9	11				

　　5）攻头锥。攻螺纹时丝锥必须尽量放正，与工件表面垂直。攻螺纹开始时，用一手掌按住铰杠中部沿丝锥轴线用力加压，另一手配合按顺时针方向旋进；或两手握住铰杠均匀施加压力，并将丝锥顺向旋进，保证丝锥轴线与孔轴线重合，不得歪斜。在丝锥攻入 1～2 圈时，应及时从前后、左右两个方向用 90°角尺进行检查，并不断校正至符合要求，如图 3-97 所示。

　　当丝锥的切削部分全部进入工件时，就不需要再施加压力，而是靠丝锥做自然旋进切削。此时，两手用力要均衡，旋转要平稳，并要经常倒转 1/4～1/2 圈，使切屑碎断后容易排除，防止切屑堵塞屑槽，造成丝锥损坏或折断，如图 3-98 所示。

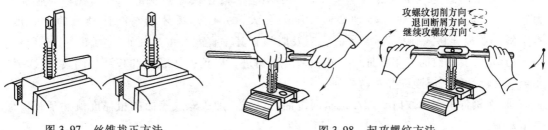

图 3-97 丝锥找正方法 　　　　　　　　　　　图 3-98 起攻螺纹方法

6）攻二锥、三锥。头锥攻过后，必须再用二锥、三锥攻削至标准尺寸。攻二锥、三锥必须先用手将丝锥旋进头攻已攻过的螺纹中，使其得到良好的引导后，再用铰杠。按照上述方法，前后旋转直到攻螺纹完成为止。

7）攻不通孔。攻不通孔螺纹时，要经常退出丝锥，排出孔中切屑。将要攻到孔底时，更应及时排出孔底积屑，以免攻到孔底丝锥被轧住。

提示：当盲孔内的切屑不便于倾倒清除时，可用弯曲的小管子吹出，或用磁性针棒吸出。如用头锥攻螺纹感觉很费力，并断续发出"咯、咯"或"叽、叽"的声音，则是切削不正常或丝锥磨损，应立即停止攻螺纹，查找原因，否则丝锥有折断的可能。

8）丝锥退出。退出丝锥时，应选用铰杠带动螺纹平稳地反向转动。当能用手直接旋动丝锥时，应停止使用铰杠，以防铰杠带动丝锥退出时，产生摇摆和振动，破坏螺纹表面。

9）换用丝锥。在攻螺纹过程中，换用另一支丝锥时，应先用手握住另一支丝锥并旋入已攻出的螺纹中，直到用手旋不动时，再用铰杠进行攻螺纹。

10）攻韧性材料的螺孔。攻韧性材料的螺孔时，要加切削液，以减小切削阻力和提高螺孔的表面质量，延长丝锥的使用寿命。攻钢件时应用机油，要求质量较高的螺孔也可用工业植物油。攻铸件时可用煤油。

2．套螺纹的方法

（1）套螺纹前圆杆直径的确定　与丝锥攻螺纹一样，用板牙在工件上套螺纹时，材料同样因受挤压而变形，牙顶将被挤高一些。所以套螺纹前圆杆直径应稍小于螺纹大径尺寸。一般圆杆直径可以用下式进行计算：

$$d_{杆} = d - 0.13P$$

式中　$d_{杆}$——套螺纹前圆杆直径（mm）；

d——螺纹大径（mm）；

P——螺距（mm）。

（2）套螺纹的要点

1）套螺纹时的切削力矩较大，且工件都为圆杆，一般要用 V 形夹块或厚软钳口作为衬垫，才能保证可靠夹紧。

2）为了便于板牙进入圆杆，套螺纹前要将圆杆进行倒角，如图 3-99 所示。

3）起套方法与攻螺纹的方法一样，一手用手掌按住板牙架中部，沿圆杆轴向施加压力，另一手配合顺向切进，转动要慢，压力要大，并保证板牙端与圆杆轴线的垂直度，不歪斜。在板牙切入圆杆 2～3 牙时，应及时检查其垂直度并准确校正，如图 3-100 所示。

4）正常套螺纹时，不要加压，让板牙自然引进，以免损坏螺纹和板牙。同攻螺纹一样要经常反转，使切屑断碎及时排屑。

5）在钢件上套螺纹时要加注适量润滑油，以减小加工螺纹表面的粗糙度值并延长板牙使用寿命。

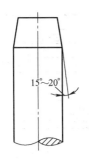

图 3-99　圆杆倒角

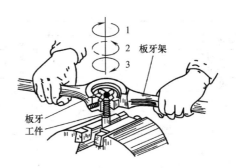

图 3-100　套螺纹的方法

任务实施

四、螺纹孔板与螺柱加工

1）根据来料加工数量，分组分配任务。

2）对照图样，检查来料尺寸，修整毛刺。

3）在螺纹孔板上攻螺纹。

a. 根据图样要求，确定 M6、M8 和 M12 的底孔直径（计算或查表）分别为 5mm、6.75mm 和 10.25mm。

b. 准备相应钻头、锪孔钻、90°角尺、丝锥、铰杠和钻床等。

c. 按图样孔距要求，在零件上划出各孔的中心线及检查圆等，用游标卡尺复检无误后，打上样冲眼。

d. 依次钻孔、扩孔、锪孔，攻制 M6、M8 和 M12 等螺纹，并进行相应质量检测。

4）在螺柱上套螺纹。

a. 根据图样要求，确定 M8、M10 和 M12 的圆杆直径（计算或查表）分别为 6.75mm、8.5mm 和 10.25mm。

b. 准备相应板牙、板牙架、90°角尺等套螺纹所用工具。

c. 按图样要求，在螺杆上划出螺纹长度尺寸。

d. 依次将要套螺纹的圆杆用砂轮机或锉刀进行倒角，并套制 M8、M10 和 M12 螺纹，最后进行相应质量检测。

5）检查所有加工工件，整理并清扫工作现场，做到"7S"管理规范的相关要求。

任务评价

任务评分表见表 3-18。

表 3-18　螺纹孔板、螺母与螺柱加工评分表

序号	项目与技术要求	配分	考核标准	得分
1	收集与处理信息情况	5	根据情况酌情扣分	
2	小组成员团结合作情况	10	根据情况酌情扣分	
3	工、量、夹、刀具准备齐全	10	每少一种扣 1 分	
4	操作姿势规范程度	5	根据情况酌情扣分	
5	攻 4 × M6	16	根据测量情况酌情扣分	
6	攻 2 × M12	8	根据测量情况酌情扣分	

（续）

序号	项目与技术要求	配分	考核标准	得分
7	攻 2 × M8	8	根据测量情况酌情扣分	
8	套 M8	8	根据测量情况酌情扣分	
9	套 M10	8	根据测量情况酌情扣分	
10	套 M12	8	根据测量情况酌情扣分	
11	表面粗糙度	14	根据测量情况酌情扣分	
12	安全文明操作,遵守"7S"管理规范		违反相关规定酌情扣 10 ~ 20 分	
13	工时定额 360min		每超时 10min 扣 5 分;超 20min 不得分	

复习与思考

1. 什么是攻螺纹? 什么是套螺纹?

2. 螺纹是如何分类的? 按牙型不同,螺纹分为哪几种?

3. 螺纹的基本要素包括哪些内容?

4. 成组丝锥的切削量是如何分配的?

5. 常用的板牙有哪几种?

6. 用计算法确定下列螺纹在攻螺纹前钻底孔的钻头直径:

1）在钢料上攻 M16 的螺纹。

2）在铸铁上攻 M20 的螺纹。

3）在钢料上攻 M12 × 1 的螺纹。

7. 简述攻螺纹的要点。

8. 简述套螺纹前圆杆直径的确定。

任务6 模具零件研磨与抛光

任务描述

校办工厂现有一批刀口形直尺需要研抛,如图 3-101 所示。材料:45 钢;工时定额:8h。

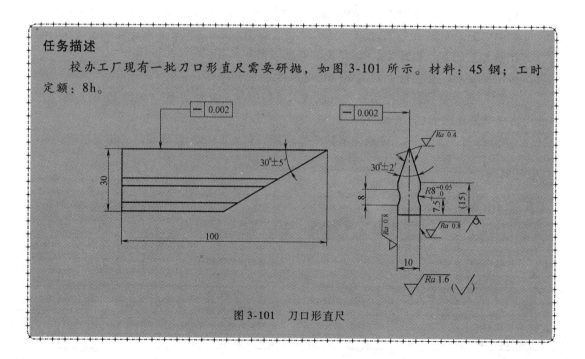

图 3-101　刀口形直尺

知识目标
1. 了解研磨的原理与特点。
2. 熟悉磨料的种类、特性和适用范围。
3. 掌握研具的材料、类型和应用。
4. 熟悉手工研磨的运动轨迹。
5. 熟悉手工抛光工具的种类和应用特点。

能力目标
1. 能够从网络或书籍上获取模具零件研抛的工艺知识。
2. 会正确选择研磨与抛光的相关工具。
3. 能够熟练地运用研抛工具对刀口形直尺进行研抛加工，并达到相关技术要求。
4. 在教师的指导下，小组成员能够分析在研磨过程中出现的问题，并能够克服。
5. 能够自觉遵守研磨加工的安全操作知识，并能做到"7S"规范管理。

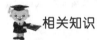 相关知识

在加工制造过程中，为提高模具的表面质量，延长使用寿命，一般要对模具零件进行研磨与抛光（简称研抛）。研磨与抛光都属于光整加工，是模具加工中的关键环节，对于保证模具的成形质量具有非常重要的作用。

一、研磨的基础知识

用研磨工具和研磨剂从工件表面上研去一层极薄金属层的精加工方法，称为研磨。研磨按磨料状态不同可分为湿研、干研和半干研三种；按研磨操作方式不同，可分为手工研磨和机械研磨，模具钳工一般采用手工研磨。

1. 研磨的原理与特点

（1）研磨的原理　研磨是一种微量的金属切削运动，包含着物理和化学的综合作用。物理作用即磨料对工件的切削作用。研磨时，研磨剂中微小颗粒（磨料）被压嵌在研具表面上。这些小颗粒像无数把高硬度切削刃，在滑动和滚动过程中，产生微量的切削作用，使工件逐渐得到准确的尺寸精度及合格的表面粗糙度值。另外，研磨剂还与空气接触在工件表面形成一层极薄的氧化膜，这些氧化膜又很容易被研磨掉，这就是研磨的化学作用。经过多次反复的物理、化学作用，工件表面很快就能达到预定的要求。

（2）研磨的特点

1）尺寸与形状精度高。经过研磨的零件，尺寸经济精度能达到 $0.1 \sim 0.01\text{mm}$，最高可达到 0.0025mm；圆柱体的圆柱度可达 0.015mm。

2）表面粗糙度值小。由于磨料轨迹不重复，能均匀地去除材料，有利于减小表面粗糙度值，一般能达到 $Ra0.1\mu\text{m}$。

3）耐磨性能好。由于研磨表面质量提高，摩擦因数减小，提高了表面的耐磨性能。

4）耐疲劳强度提高。由于研磨表面存在着残余压应力，有利于提高零件表面的耐疲劳强度。

5）研磨加工也存在着劳动强度大，时间长，效率低；不能提高零件表面间的位置精

度；容易污染环境等缺点。

2. 研磨剂

研磨剂是磨料、研磨液和辅助材料调和而成的混合剂。

提示：正确选择研磨剂是提高研磨质量和研磨效率的关键。

（1）磨料 磨料是一种粒度很小的粉状硬质材料，在研磨中起切削作用，常用的磨料有金刚石、氧化物和碳化物等几类。磨料系列及其特性、适用范围见表3-19。

表3-19 磨料的种类、特性和用途

类别	磨料名称	代号	特性	适用范围
氧化物系	棕刚玉	A	棕褐色，硬度高，韧性大，价格便宜	粗、精研铸铁及硬青铜
	白刚玉	WA	白色，硬度比棕刚玉高，韧性比棕刚玉差	精研淬火钢、高速钢及有色金属
	铬刚玉	PA	玫瑰红或紫色，韧性大	研磨各种钢件、量具、仪表工件等
	单晶刚玉	SA	淡黄色或白色，硬度和韧性比白刚玉高	研磨不锈钢、高钒高速钢等强度高、韧性大的材料
碳化物系	黑碳化硅	C	黑色，硬度比白刚玉高，脆而锋利，导电、导热性良好	研磨铸铁、黄铜、铝、耐火材料及非金属材料
	绿碳化硅	GC	绿色，硬度和脆性比黑碳化硅高	研磨硬质合金、硬铬、宝石、陶瓷、玻璃等
	碳化硼	BC	灰黑色，硬度仅次于金刚石，耐磨性好	精研和抛光硬质合金和人造宝石等硬质材料
金刚石系	天然金刚石	JT	硬度极高，价格昂贵	精研和超精研硬质合金
	人造金刚石	JR	无色透明或淡黄色，硬度高，比天然金刚石脆，表面粗糙	粗、精研硬质合金和天然宝石
软磨料	氧化铁		红色或暗红色，比氧化铬软	精研或抛光钢、铸铁、玻璃、单晶硅等
	氧化铬	PA	深绿色	

磨料的粗细用粒度表示，它是指磨料的颗粒尺寸，见表3-20。

表3-20 磨料粒度

粒度号	磨料基本粒尺寸 /μm	粒度号	磨料基本粒尺寸 /μm	粒度号	磨料基本粒尺寸 /μm
F4	5600～4750	F40	500～425		
F5	4750～4000	F46	425～355	F230	63～50
F6	4000～3350	F54	355～300	F240	50～40
F7	3350～2800	F60	300～250		
F8	2800～2360	F70	250～212	F280,F320	40～28
F10	2360～2000	F80	212～180	F360	28～20
F12	2000～1700	F90	180～150	F400	20～14
F14	1700～1400	F100	150～125	F500	14～10
F16	1400～1180	F120	125～106	F600	10～7
F20	1180～1000	F150	106～90		
F22	1000～850	F180	90～75	F800	7～5
F24	850～710	F220	75～63		
F30	710～600			F1000,F1200	5～3.5
F36	600～500				

（2）研磨液 研磨液在加工过程中起调和磨料、冷却和润滑的作用，它能防止磨料过早失效和减少工件（或研具）的发热变形。常用的研磨液有煤油、汽油、N15 号和 N32 号全损耗系统用油、锭子油等，见表 3-21。

表 3-21 常用研磨液

工件材料	研磨名称	研 磨 液
钢	粗研	N15 号全损耗系统用油 1 份，煤油 3 份，汽轮机油或锭子油少量，轻质矿物油或变压器油（适量）
	精研	N15 号全损耗系统用油
铸铁	粗研	煤油，主要用于稀释，润滑性较差
淬硬钢、不锈钢	粗、精研	植物油、汽轮机油或乳化液
钢	粗、精研	动物油（熟猪油加磨料，拌成糊状，加 30 倍煤油），锭子油少量，植物油适量
硬质合金	粗、精研	汽油稀释

（3）辅助材料 辅助材料是一种黏度较大和氧化作用较强的混合脂。它的作用是使零件表面形成氧化膜，加速研磨进程。常用的辅助材料有油脂、脂肪酸、硬质酸和工业甘油等。

3. 研磨余量

研磨是微量切削，一般每研磨一遍所能磨去的金属层不超过 0.002mm，因此研磨余量不能太大，否则，会使研磨时间增加，研磨工具的使用寿命缩短。通常研磨余量在 0.005 ～ 0.03mm 范围内比较适宜，有时研磨余量保留在工件的公差之内。一般情况下的研磨余量，见表 3-22。

表 3-22 研磨余量

零件形状	前工序	研前表面粗糙度值 Ra/μm	研磨余量/μm	研后表面粗糙度值 Ra/μm
平面	精磨	0.8 ～ 0.4	3 ～ 15	0.1
	刮削	1.6 ～ 0.8	3 ～ 20	0.1
内圆	内圆磨	0.8 ～ 0.2	5 ～ 20	0.1
	精车	1.6	20 ～ 40	0.1
	铰孔	3.2 ～ 1.6	20 ～ 50	0.1
型腔	线切割	细钼丝:1.6	5 ～ 10	0.1
		粗钼丝:6.3	10 ～ 20	
外圆	外圆磨	0.8 ～ 0.4	10 ～ 30	0.1
	精车	1.6	20 ～ 35	0.1

提示：研磨余量应根据工件的研磨面积及复杂程度、零件的精度要求、零件是否有工装及研磨面的相互关系等方面来确定。

4. 研磨工具

研磨工具，简称研具。在研磨加工中，研具是保证研磨工件几何公差正确的主要因素，因此对研具的材料、几何精度要求较高，而表面粗糙度值要小。

（1）研具材料　研具材料应满足如下技术要求：材料的组织要细致均匀，要有很高的稳定性和耐磨性，具有较好的嵌存磨料的性能，工作面的硬度应比工件表面硬度稍软。常用的研具材料有如下几种：

1）灰铸铁。灰铸铁润滑性好，磨耗较慢，硬度适中，研磨剂在其表面容易涂布均匀，是一种研磨效果较好、廉价易得的研具材料，因此得到广泛应用。

2）球墨铸铁。球墨铸铁比一般灰铸铁更容易嵌存磨料，且更均匀、牢固、适度，同时还能增加研具的寿命。采用球墨铸铁制作研具已得到广泛应用，尤其适用于精密工件的研磨。

3）软钢。软钢韧性较好，不容易折断，常用来制作小型的研具，如研磨螺纹和小直径工具、零件等。

4）铜。铜性质较软，表面容易被磨料嵌入，适于制作研磨软钢类工件的研具。

5）非金属材料。非金属材料主要有木、竹、皮革、毛毡、玻璃、涤纶织物等。其作用是使被研磨表面光滑。

（2）研具的类型　生产中需要研磨的工件是多种多样的，不同形状的工件应用不同类型的研具。常用的研具有以下几种：

1）研磨平板。研磨平板主要用来研磨平面，如研磨量块、精密量具的平面等，它分有槽的和光滑的两种，如图 3-102 所示。有槽的研磨平板（图 3-102b）用于粗研，研磨时易于将工件压平，可防止将研磨面磨成凸弧面；精研时，则应在光滑的平板（图 3-102a）上进行。

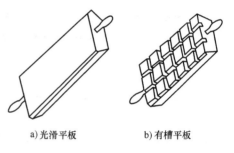

a) 光滑平板　　b) 有槽平板

图 3-102　研磨平板

2）研磨环。研磨环主要用来研磨外圆柱表面。研磨环的内径应比工件的外径大 0.025 ~ 0.05mm，其结构如图 3-103 所示。当研磨一段时间后，若研磨环内孔磨大，拧紧调节螺钉，可使孔径缩小，以达到所需间隙，如图 3-103a 所示。图 3-103b 所示的研磨环，孔径的调整则靠右侧的螺钉。

3）研磨棒。研磨棒主要用于圆柱孔的研磨，有固定式和可调式两种，如图 3-104 所示。固定式研磨棒制造容易，但磨损后无法补偿，多用于单件研磨或机修中。对工件上

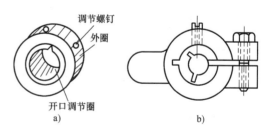

图 3-103　研磨环

某一尺寸孔径的研磨，需要两三个预先制好的有粗、半精、精研磨余量的研磨棒来完成，有槽的用于粗研，光滑的用于精研。

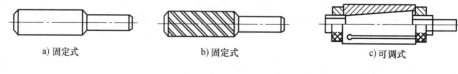

a) 固定式　　　b) 固定式　　　c) 可调式

图 3-104　研磨棒

可调节的研磨棒因为能在一定尺寸范围内进行调整，适用于成批生产中工件孔的研磨，寿命较长，应用较广。

提示：把研磨环的内孔、研磨棒的外圆做成圆锥形，则可用来研磨内、外圆锥表面。

二、研磨方法

1. 手工研磨轨迹

手工研磨时，要使工件表面各处都受到均匀的切削，应合理选用运动轨迹，这对提高研磨效率、工件表面质量和研具寿命都有直接影响。

手工研磨的运动轨迹有直线形、摆动式直线形、螺旋形、8字形或仿8字形等多种，如图3-105所示。它们的共同特点是工件的被加工面与研具的工作面在研磨中始终保持相对密合的滑移运动。这种研磨运动既可获得比较理想的研磨效果，又能保持研具的均匀磨损，提高研具的使用寿命。

（1）直线形研磨运动轨迹（图3-105a）　由于直线运动的轨迹不会交叉，容易重叠，使工件难以获得较小的表面粗糙度值，但可获得较高的几何精度，常用于窄长平面或窄长台阶平面的研磨。

（2）摆动式直线形研磨运动轨迹（图3-105b）　工件在直线往复运动的同时进行左右摆动，常用于研磨直线度要求高的窄长刀口形工件，如刀口尺、刀口直角尺及样板角尺测量刃口等。

（3）螺旋形研磨运动轨迹（图3-105c）　适用于研磨圆片形或圆柱形工件的表面，如研磨千分尺的测量面等，可获得较高的平面度和较小的表面粗糙度值。

（4）8字形研磨运动轨迹（图3-105d）　这种运动能使研磨表面保持均匀接触，有利于提高工件的研磨质量，使研具磨损均匀，适于小平面工件的研磨和研磨平板的修整。

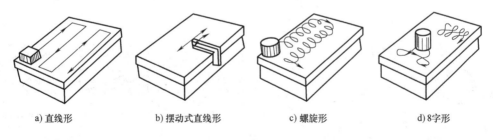

a) 直线形　　　　b) 摆动式直线形　　　　c) 螺旋形　　　　d) 8字形

图3-105　手工研磨运动轨迹

2. 研磨要点

（1）平面的研磨　平面研磨分为一般平面研磨和窄平面研磨。

1）一般平面研磨。一般平面研磨是在研磨平板上进行的。研磨前，先用煤油或汽油把研磨平板的工作表面清洗干净并擦干，再在研磨平板上涂上适当的研磨剂，然后把工件需研磨的表面（已去除毛刺并清洗过）贴合在研磨平板上。沿研磨平板的全部表面，以8字形或螺旋形的旋转与直线运动相结合的方式进行研磨，并不断变更工件的运动方向。

研磨时工件受压要均匀，压力大小应适中。压力大，研磨切削量大，表面粗糙度值大，还会使磨料被压碎或划伤表面。一般粗研时压力为 $10^5 \sim 2 \times 10^5 \mathrm{Pa}$，精研时压力为 $10^4 \sim 5 \times 10^4 \mathrm{Pa}$。研磨速度不应太快，手工粗研时为 $40 \sim 60$ 次/min，精研时为 $20 \sim 40$ 次/min。否则会引起工件发热，降低研磨质量。

2）窄平面研磨。在研磨窄平面时，应采用直线研磨运动轨迹。为保证工件的垂直度和平面度，应用侧面具有较高垂直度的金属块作为导靠，使金属块和工件紧紧地靠在一起，并跟工件一起研磨，如图 3-106a 所示。

若研磨工件的数量较多时，可用 C 形夹将几个工件夹在一起同时研磨。对一些易变形的工件，可用两块导靠将其夹在中间，然后用 C 形夹头固定在一起进行研磨，如图 3-106b 所示。这样既可保证研磨的质量，又提高了研磨效率。

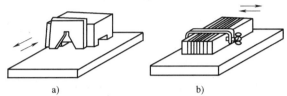

图 3-106　窄平面研磨

（2）曲面的研磨　圆柱面研磨一般是手工与机器配合进行研磨。

1）外圆柱面研磨。外圆柱面研磨如图 3-107 所示，工件由车床或钻床带动，其上均匀涂布研磨剂，用手推动研磨环，在工件上做轴向直线往复运动。一般工件的转速，在直径小于 80mm 时为 100r/min；直径大于 100mm 时为 50r/min。速度过快时，网纹线与工件轴线的夹角小于 45°，研磨速度过慢时，则网纹线与工件轴线的夹角大于 45°，如图 3-108 所示。当出现交叉 45°网纹线时，说明研磨环的移动速度最为合适。

　提示：一般研磨环的内径尺寸比工件的直径略大 $0.025 \sim 0.05$mm，其长度是直径的 $1 \sim 2$ 倍。

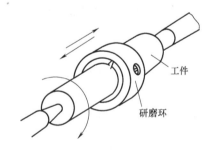

图 3-107　外圆柱面研磨

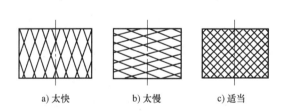

a) 太快　　b) 太慢　　c) 适当

图 3-108　外圆柱面移动速度与
网纹线的关系

2）内圆柱面研磨。内圆柱面的研磨是将研磨棒装夹在车床卡盘或钻床的主轴上，将工件套在研磨棒上进行研磨。研磨时应调节好研磨棒与工件的间隙，以防止产生孔口拉毛。研磨时，要经常擦干挤到孔口的研磨剂，以免造成孔口扩大。

3）圆锥面研磨。圆锥面的研磨包括圆锥孔研磨和外圆锥面研磨。研磨圆锥面使用带有锥度的研磨棒（或研磨环）进行研磨。研磨棒（或研磨环）应具有同研磨表面相同的锥度，研磨棒上开有螺旋槽，用来储存研磨剂，螺旋槽有右旋（图 3-109a）和左旋（图 3-109b）。

圆锥面的研磨方法是将研磨棒（或研磨环）均匀地涂上一层研磨剂（磨料），然后插入工件孔中（或套在圆锥体上），顺着研具的螺旋槽方向进行转动（也可装夹在机床上），每转动4~5圈后，便将研具稍稍拔出些，之后再推入旋转研磨。当研磨接近要求时，可将研具拿出，擦干净研具或工件，然后再重新装入锥孔（或套在圆锥体上）研磨，直到表面呈银灰色或发亮为止，如图3-110所示。

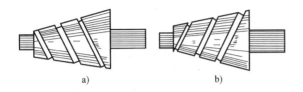

图3-109　圆锥面研磨

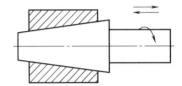

图3-110　圆锥面研磨方法

提示：对于圆柱面或圆锥面的研磨，若工件是配对使用的，可不用研具，只需在工件上涂上研磨剂，直接进行配套研磨即可。

三、抛光的基础知识

抛光是通过抛光工具和抛光剂对零件进行极其细微切削的加工方法，其基本原理与研磨相同，是研磨的一种特殊形式，即抛光是一种超精研磨，其切削作用含物理和化学的综合作用。

抛光常用于各类奖杯、金属工艺品、生活日用品、量块等精密量具和各类加工刃具，以及尺寸和几何形状要求较高的模具型腔、型芯及精密机械零件的加工。

1. 手工抛光器

手工抛光器分为平面抛光器、球面抛光器和自由曲面抛光器三种。

（1）平面抛光器　平面抛光器的手柄采用硬木制作，在抛光器的研磨面上刻出大小适当的凹槽，面稍高的地方可有用于缠绕布类制品的止动凹槽，如图3-111所示。

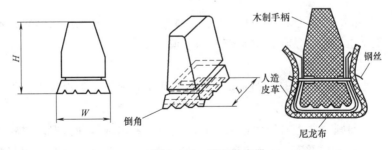

图3-111　平面抛光器

若使用粒度较粗的研磨剂进行研磨加工时，只需将研磨膏涂在抛光器的研磨面上进行研磨加工即可；若使用极细的微粉进行抛光作业时，可将人造皮革缠绕在研磨面上，再把磨粒放在人造皮革上并以尼龙布缠绕，用冷拉钢丝沿止动凹槽捆紧后进行抛光加工。

若使用更细的磨粒进行抛光，可把磨粒放在经过尼龙布缠绕的人造皮革上，以粗棉布或法兰绒进行缠绕，之后进行抛光加工。原则上是磨粒越细，采用越柔软的包卷用布。每一种抛光器只能使用同种粒度的磨粒。各种抛光器不可混放在一起，应使用专用密封容器保管。

（2）球面抛光器　球面抛光器与平面抛光器的操作方法基本相同。抛光凸形工件用研磨面，其曲率半径一般要比工件曲率半径大3mm；抛光凹形工件的研磨面，其曲率半径比工件曲率半径要小3mm，如图3-112所示。

（3）自由曲面抛光器　对于自由曲面的抛光应尽量使用小型抛光器，因为抛光器越小，越容易模拟自由曲面的形状，如图3-113所示。

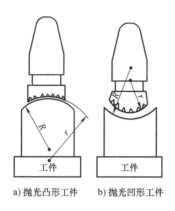

图3-112　球面抛光器

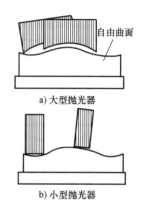

图3-113　自由曲面抛光器

2. 抛光的要点

1）抛光时，应先用硬的抛光工具进行研抛，然后再使用软质抛光工具进行精抛。选好抛光工具后，先用较粗粒度的抛光膏进行研磨，随后，再逐步减小抛光膏粒度。一般情况下，每个抛光工具只能用同一种粒度的抛光膏，不能混用。手抛时，抛光膏要涂在工具上；机械抛光时，抛光膏涂在工件上。

2）要根据抛光工具的硬度和抛光膏的粒度来施加压力。磨粒越细，则作用在抛光工具上的压力越轻，采用的抛光剂也就越稀。

3）抛光用的润滑剂和稀释剂在使用时，要分别采用玻璃管吸点法，不能用毛刷在抛光件上涂抹。

4）研抛时，要格外注意抛光工序间的清洗，每更换一次不同粒度的磨料，就要进行一次煤油清洗，不能把上道工序使用的磨料带入到下道工序中。

3. 影响抛光的质量因素

抛光过程中产生的主要问题是"过抛光"。由于抛光时间长，表面反而变得粗糙，并产生"橘皮状"或"针孔状"缺陷。

（1）"橘皮状"问题　抛光时压力过大、时间过长时易出现这种情况。较软的材料容易产生这种抛光现象。其原因并不是钢材有缺陷，而是抛光用力过大，导致金属材料表面产生微小塑性变形所致。解决方法是通过氮化或其他热处理方式减小材料的表面粗糙度值或采用软质抛光工具。

（2）"针孔状"问题　由于材料中含有杂质，在抛光过程中，这些杂质从金属组织中脱氧下来，形成针孔状小坑。解决方法是避免用氧化铝抛光膏进行机械抛光，控制好抛光时间，换用优质合金钢材。

**任务实施**

四、刀口直尺的研抛

1. 粗研磨

用浸湿汽油的棉花蘸上 F400～F600 的研磨粉，均匀涂在平板的研磨面上，握持刀口形直尺，如图 3-114 所示，采用沿其纵向移动与以刀口面为轴线而向左右做 30°角摆动相结合的运动形式。

2. 精研磨

精研磨时的运动形式与粗研磨大致相同。采用压砂平板，选用 F800、F1000 或 F1200 的研磨粉，利用工件自重进行精研磨，使其表面粗糙度值达到 $Ra0.025\mu m$。

a) 单手握持   b) 双手握持

图 3-114　研磨刀口形直尺时的握持方法

3. 质量检验

采用光隙判别法（图 3-115）。观察时，以光隙的颜色来判断其直线度误差。当光隙颜色为亮白色或白色光时，其直线度误差大于 0.02mm；当光隙颜色为白光或红光时，其直线度误差为 0.01～0.02mm；当光隙颜色为紫色或蓝色光时，其直线度误差为 0.005～0.01mm；当光隙颜色为蓝光或不透光时，其直线度误差小于 0.005mm。

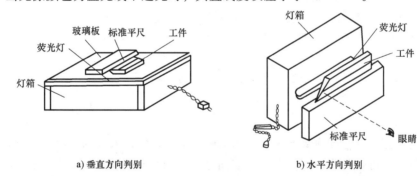

a) 垂直方向判别   b) 水平方向判别

图 3-115　光隙判别法

　　提示：刀口形直尺在研磨时不可左右晃动，要保持平稳；研磨时要经常掉头研磨，不可在同一位置研磨，以防止研磨平板产生局部凹隙。

任务评价

任务评分表见表 3-23。

表 3-23　刀口形直尺的研抛评分表

序号	项目与技术要求	配分	考核标准	得分
1	收集与处理信息	10	根据情况酌情扣分	
2	小组成员团结合作情况	10	根据情况酌情扣分	

（续）

序号	项目与技术要求	配分	考核标准	得分
3	工、卡、量、夹、刀具准备齐全	10	每少一种扣1分	
4	操作姿势规范程度	10	根据情况酌情扣分	
5	$30° \pm 5'$	5	超差全扣	
6	$30° \pm 2'$	10	超差全扣	
7	直线度0.002mm	30	根据测量情况酌情扣分	
8	表面粗糙度$Ra0.4\mu m$和$Ra0.8\mu m$	15	超差全扣	
9	安全文明操作,遵守"7S"管理规范		违反相关规定酌情扣10～20分	
10	工时定额480min		每超时10min扣5分;超20min不得分	

复习与思考

1. 什么是研磨？研磨有何特点？
2. 磨料有哪几种类型？各应用于什么场合？
3. 研磨液有何作用？常用的研磨液有哪些？
4. 如何确定研磨余量？
5. 简述研磨的要点。
6. 手工研磨常用的运动轨迹有哪几种？各适用于什么场合？
7. 什么是抛光？常用的手工抛光工具有哪些？
8. 抛光时出现的问题有哪些？如何处理？

课外阅读材料　新型抛光方法

1. 磁力抛光

磁力抛光是用带磁性的研磨料，在电磁头的吸引下，按照磁场的形状呈刷子状排列。此磁刷在旋转铁心电磁铁的作用下，在工件表面移动进行研磨、抛光。该研磨工具非常柔软，能较好地与曲面相接触，抛光原理如图3-116所示。

2. 超声波抛光

超声波抛光的抛光效率高，能适用于各种材料，适于加工狭缝、深槽、异形腔等，在模具抛光中应用较多。超声波抛光是超声波加工的一种特殊应用，它对工件只进行微量尺寸加工，加工后提高的是表面精度，表面粗糙度值可达$Ra0.012\mu m$，不但可减小工件表面粗糙度值，甚至可得到近似镜面的光亮度。超声波抛光

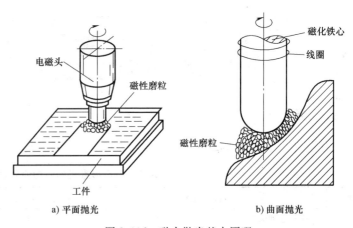

a) 平面抛光　　　　　b) 曲面抛光

图3-116　磁力抛光基本原理

效率高，硬质合金抛光比普通抛光效率提高 20 倍；淬火钢抛光比普通抛光效率提高 15 倍；45 钢抛光比普通抛光效率提高 10 倍。

超声波抛光是利用工具端面做超声频率振动，通过磨料悬浮液抛光脆硬材料进行的加工，抛光工具对工件保持一定的静压力（3~5N），推动抛光工具做平行于表面的往复运动，运动频率为 10~30 次/min，超声波抛光原理如图 3-117 所示。

3. 挤压珩磨抛光

挤压珩磨抛光是把含有磨粒的黏性介质装入机器的介质缸内，并夹紧加工零件，介质在活塞的压力下沿着固定通道和夹具流经零件被加工表面，有控制地除去零件表面材料，实现抛光、去毛刺、倒圆角等加工，其加工原理如图 3-118 所示。

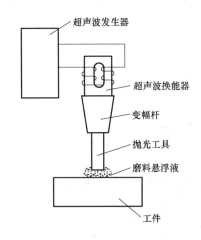

图 3-117 超声波抛光原理

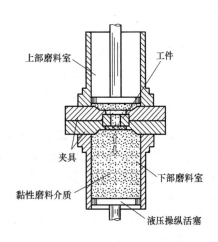

图 3-118 挤压珩磨抛光加工原理

挤压珩磨抛光加工对象广泛，包括有色金属、黑色金属、硬质合金等材料都可进行挤压珩磨抛光加工。抛光效果好，各种不同原始表面状况，挤压珩磨都可使表面粗糙度值为 $Ra0.05~0.04\mu m$；加工效率高，一般加工时间只需几分钟至十几分钟；适用范围广，可对冲模、塑料成型模、拉丝模进行抛光加工；孔径最小可达 0.35mm。

挤压珩磨抛光加工可分为通孔式、阶梯形式、不通孔及外形（如加工凸模、型芯等）四种加工方法，如图 3-119 所示。

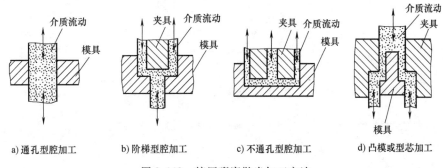

a) 通孔型腔加工　b) 阶梯型腔加工　c) 不通孔型腔加工　d) 凸模或型芯加工

图 3-119 挤压珩磨抛光加工方法

4. 电化学抛光

电化学抛光是利用金属在电解液中的电化学阳极溶解现象，使工件表面溶解形成光滑表

面的一种抛光方法，其原理如图 3-120
所示。

将工件接正极，以加工好的抛光工具
接负极，放入电解槽液内，两极之间保持
一定的加工间隙。接通直流电后发生电解
反应，阳极一方面发生溶解，另一方面又
生成一层薄薄的阳极粘膜。在工件表面微
观凹陷处的粘膜相对较厚，电阻较大，溶
解速度慢；在工件凸起处粘膜相对较薄，
电阻较小，溶解速度快，如图 3-120b 所
示，于是工件表面的粗糙度便逐渐改善而
趋于平整。为了获得良好的电化学抛光效

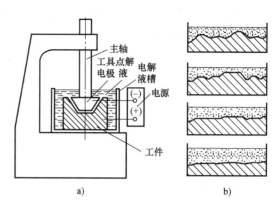

图 3-120　电化学抛光基本原理

果，在抛光前必须进行除油、防锈处理，抛光后还要进行水洗和干燥。电化学抛光后表面粗
糙度值一般可达 $Ra0.1\mu m$，还可以改善工件表面的物理性能。

5. 电解磨削抛光

电解磨削抛光是将金属的电化学阳极
溶解作用和机械磨削作用相结合的一种磨
削工艺。它是靠金属溶解（占 95% ~
98%）和机械磨削（占 2% ~ 5%）的综
合作用来实现加工的，其加工原理如图
3-121所示。

工件、修磨工具分别接低压直流电源
的正、负极，电解时在两极直接通入电解
液，磨料控制两极保持一定的电解间隙，

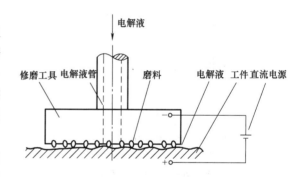

图 3-121　电解磨削抛光原理

防止短路。接通电源后，工件被加工表面在电解液作用下发生阳极溶解，形成很薄的氧化
膜，刚形成的这层氧化膜被移动的磨料所刮除，使工件被加工表面又露出新的金属表面而继
续电解。这样，在电解和机械刮削的交替作用下，达到去除氧化膜而降低表面粗糙度值的
目的。

项目4　典型模具加工

在工业生产中，应用模具的目的是保证产品质量，提高生产率和降低成本等。因此，除了正确进行模具设计，采用合理的模具结构外，还必须有高质量的模具加工技术。

模具生产中，使用标准零件及部件，是改变模具单件生产的基本措施，也是简化模具设计、提高模具制造质量和缩短生产周期的有效方法。所以在模具加工过程中应尽可能使用标准件，但模具中还有大部分的非标准件需要加工，其加工工艺与加工质量是影响整套模具质量与寿命的关键因素。

任务1　冲压模具加工

任务描述

校办工厂接到手柄冲孔、落料级进模非标准零件的加工，装配图如图4-1所示。要求冲压产品材料为 Q235，材料厚度为 1.2mm。

知识目标

1. 了解冲压模具零件的分类。
2. 熟悉冲压模具零件的加工方法。
3. 掌握冲压模具结构零件的加工流程。
4. 掌握冲压模具工作零件的特种加工流程。

能力目标

1. 能够正确识读冲压模具图。
2. 能够独立查阅机械零件加工工艺手册。
3. 能与同伴合作正确制定冲压模具加工工艺。
4. 能够正确选择并使用各种机械加工设备、刀具、夹具等。
5. 能够逐步按照工厂要求做到按时、保质、保量交货。

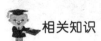 相关知识

一、冲压模具零件的分类

冲压模具零件主要分为结构零件和工作零件，结构零件大部分用来固定和定位其他零

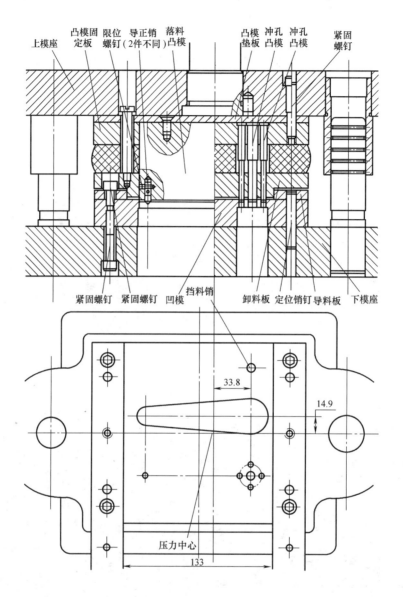

图 4-1 手柄冲孔、落料级进模装配图

件，在装配过程中，还应具有良好的可调整性，用得较多的材料为 45 钢。而工作零件不但承担着模具的主要冲击力，而且与制件表面有强烈的摩擦，所以采用的材料和热处理要求均较高，目前冲模工作零件主要用 Cr12、CrWMn 等合金工具钢经淬火处理制造。

提示：由于工作性质与材料及热处理不同，冲压模具工作零件与结构零件的加工工艺也是不同的。

二、冲压模具零件的加工

1. 冲压模具结构零件的加工

冲压模具结构零件包括定位部分零件、压板、卸料和出件部分零件、导向部分零件、支承部分零件、紧固部分零件等。这些零件的特点都是不直接参与冲压件的冲裁，所以不需要特别的材料和特殊的热处理，加工工艺较简单，通常采用常规的车、铣、刨、磨、抛光等加工。

模具结构零件的加工流程为：

备料→热处理（退火）→粗加工或半精加工→热处理（调质或淬火）→精加工或光整加工。

（1）备料　模具结构零件的坯料一般采用型材，只有在零件尺寸差异较大时采用锻件毛坯。因为锻件不仅容易得到所需的尺寸，节约材料，减少加工余量，而且还可以细化晶粒，改善材料内部组织，提高模具材料的综合力学性能。

（2）热处理（退火）　该工序主要是为了锻造坯料退火，防止锻造后的坯料在空气中和地面上冷却析出大量马氏体组织而局部变硬，不利于以后的机械加工。

（3）粗加工或半精加工　主要任务是切除加工表面上的大部分余量，使毛坯的形状和尺寸尽量接近成品。精加工阶段，加工精度要求不高，切削用量、切削力都比较大，所以粗加工阶段主要考虑如何提高劳动生产率，粗加工常采用车、铣、刨、磨、钻等加工方法。半精加工阶段主要是切除粗加工留下的误差，使被加工工件达到一定的精度，为精加工做准备，并完成一些次要表面的加工，如钻孔、攻螺纹、铣键槽等。

（4）热处理（调质或淬火）　调质是为调整中碳结构钢的性能，使其具有最佳强度与韧性配合而进行的金属热处理工艺。钢铁调质后硬度不太高，仍可进行切削加工。

淬火处理可以大幅提高钢的强度、硬度、耐磨性、疲劳强度以及韧性等，从而满足模具零件的使用要求。

（5）精加工或光整加工　精加工的主要任务是提高表面质量，达到规定的质量要求。要求的加工精度较高，各表面的加工余量和切削用量都比较小，精加工常采用精车、磨、光整等加工方法。

2. 冲压模具工作零件的加工

冲压模具工作零件的特点是直接参与冲压件的冲裁，要求工作部分硬度高、耐冲击、耐磨损，所以需要特别的材料和特殊的热处理，加工难度大，制造工艺复杂，有时需要采用特种加工方法。特别是高寿命模具，常采用 Cr12、CrWMn 等莱氏体钢制造。这类钢材从毛坯锻造、加工到热处理均有严格的要求，因此加工工艺的编制应特别注意。

提示：热处理变形问题应引起特别的重视。

（1）采用特种加工方法时的加工流程　备料→锻造→热处理（退火）→粗加工或半精加工→热处理（淬火）→精磨平面→特种加工→光整加工。

1）备料。根据凸模、凹模的尺寸大小和结构形状准备合适的毛坯。

2）锻造。冲模工作零件根据工作性质的需要，通常采用锻造加工。为便于加工与装夹，一般都将毛坯锻造成较规范的外形，如平行六面体等。

提示：锻造的毛坯体积应考虑锻造工序的氧化和脱碳，一般应比锻造后所需体积大2%～3%。

3）热处理（退火）。模具工作零件通常采用淬透性很好的模具钢，一般锻造后的坯料在空气中和地面上冷却会析出大量马氏体组织而局部变硬，不利于以后的机械加工，所以必须进行退火处理，消除锻造内应力，改善加工性能。

4）粗加工或半精加工。该工序包括粗加工、钳加工与半精加工。

① 粗加工。该工序的主要目的是去除毛坯的锻造外皮，使平面平整，为毛坯的精加工做好准备。粗加工通常是采用刨削或铣削的方式加工毛坯的六个表面。此工序加工余量较大，切削速度相对较慢。

② 钳加工。划出凸模或凹模的刃口轮廓线、螺孔线、销孔线、穿丝孔等，为以后的机械加工提供依据。定位销孔的加工一般应采用钻、扩、铰的工艺进行。

③ 半精加工。加工型孔部分，当凹模较大时，为减少线切割加工量，需将型孔漏料部分铣削或车削出，只切割刃口高度；对淬透性差的材料，可将型孔的部分材料去除，留3～5mm切割余量。

5）热处理（淬火）。该工序采用淬火工艺，以大幅提高模具钢的强度、硬度、耐磨性、疲劳强度以及韧性等，从而满足冲模工作零件的使用要求。淬火后应注意增加低温回火工序，以减少材料由于淬火而引起的内应力。

6）磨平面。模具零件热处理后会产生少量的变形和氧化，而钳加工后也会留下划线等痕迹，常用精磨平面的方法予以去除，同时也可以提高刃口的锋利程度。

7）特种加工。此工序不同于常规加工。在冲模零件的制造中，常采用电火花成形加工、电火花线切割加工等。

8）光整加工。光整加工通常采用研磨、抛光等加工方法。

（2）采用常规加工方法时的加工流程 通常该类工作零件的表面为外圆、内圆与平面加工，采用通用机床（外圆磨床、内圆磨床、平面磨床）就可以达到加工要求。其工艺路线通常为：

备料→锻造→热处理（退火）→粗加工→热处理（淬火）→精加工→光整加工。

备料、锻造、热处理（退火）、粗加工、热处理（淬火）、精加工、光整加工的工序内容与采用特种加工方法时基本相同，只是热处理工序在精加工工序前进行，并且通常不使用特种加工机床。

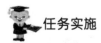
任务实施

三、模具零件加工

1．凹模

凹模如图4-2所示，是一多孔板类零件，也是模具的关键零件之一，从毛坯制作到加工工艺、热处理工艺等必须严格控制。加工工艺主要保证孔系的精度，加工方法有两种：一是热处理前钻穿丝孔，热处理后线切割加工各孔；二是热处理前在铣床和坐标镗床上加工，并留适当余量，热处理后进行磨削加工。现以线切割加工孔系为例，凹模的加工工艺过程见表4-1。

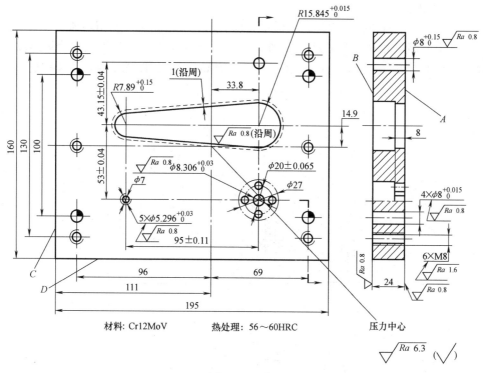

材料: Cr12MoV　　　热处理: 56～60HRC

图 4-2　凹模

表 4-1　凹模的加工工艺过程

工序号	工序名称	工序内容
1	锻造	锻件尺寸为 212mm × 166mm × 32mm
2	热处理	退火
3	铣	铣六面至 195.6mm × 160.6mm × 24.8mm, 去锐边毛刺
4	磨	磨六面至 $Ra0.8\mu m$, 保证各面两两垂直和平行
5	钳工	1) A 面划压力中心线, 划各孔位及轮廓线。落料凹模轮廓单边留 3mm 余量; B 面划落料凹模漏料孔轮廓 2) 钻穿丝孔及铣刀入刀孔。在各冲孔凹模中心以及挡料销安装孔中心, 钻穿丝孔 $\phi3mm$, 在落料凹模的 $R15.845mm$ 圆弧中心钻 $\phi10mm$ 通孔
6	铣	按线铣落料凹模孔及其漏料孔
7	钳工	扩冲孔凹模的漏料孔 $\phi7mm$ 和 $\phi27mm$; 钻铰 4 × $\phi8mm$ 销钉孔和 6 × M8 螺孔, 并去毛刺
8	检验	
9	热处理	淬火、回火, 硬度要求达到 56～60HRC
10	磨	依次磨 A、B、C、D 面, 表面粗糙度 $Ra \leqslant 0.8\mu m$, 且 A、B 两面平行, A、C、D 三面两两互相垂直
11	钳工	清洁各穿丝孔
12	线切割	校准工件方位, 找正 $\phi3mm$ 穿丝孔, 正确编程与合理设置工艺参数, 加工凹模孔和 $\phi8mm$ 挡料销安装孔
13	钳工	清洁、抛光凹模孔和 5 × $\phi8mm$ 销孔
14	检验	

2. 落料凸模

图 4-3 所示为落料凸模零件图，从图中可以看出，刃口轮廓用线切割加工较为合理。需要注意的是中心距尺寸（95±0.11）mm 在凹模、凸模固定板、卸料板上均为同样要求；线切割加工各件时，要保证各件的同轴度要求在 0.01mm 以内，以满足模具的装配要求。

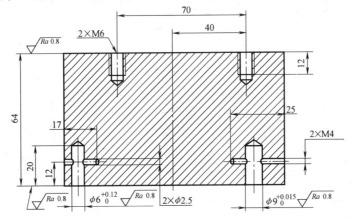

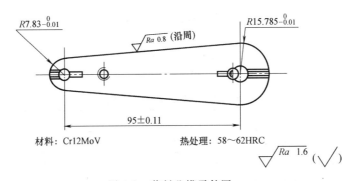

图 4-3　落料凸模零件图

落料凸模上 ϕ6mm 和 ϕ9mm 两孔需在热处理前进行加工，线切割时找正孔中心用图4-4a 所示的专用工具进行。工具由底板和两个销组成，底板的长和宽均比工件大，按尺寸 a_1 和 b_1（分别比图 4-3 中 ϕ9mm 孔两边距尺寸大）用坐标镗或线切割加工两个孔，孔中心距与工件对应的孔距一致，销与工件的 ϕ6mm 和 ϕ9mm 孔以 H7/h6 配合。加工时将工件套在销上，支承工具的底板，按尺寸 a_1 和 b_1 找正，连同底板一起切割出凸模，如图 4-4b 所示。

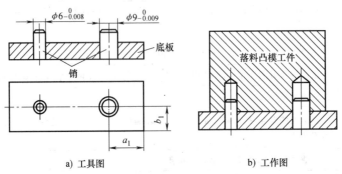

a) 工具图　　　　　　　　b) 工作图

图 4-4　使用工具找正与加工

提示：工件在热处理后只需磨削上、下两平面，备料时也无须考虑线切割时的支承部分。

落料凸模的加工工艺过程见表4-2。

表4-2　落料凸模的加工工艺过程

工序号	工序名称	工序内容
1	锻造	锻件尺寸132mm×72mm×42mm
2	热处理	退火
3	铣	铣六面至124mm×65mm×35mm
4	磨	磨六面至Ra0.8μm，保证各面两两垂直和平行
5	钳工	划φ6mm和φ9mm孔的中心和轮廓线，注意使凸模四面的余量对称
6	坐标镗	钻铰φ6mm和φ9mm孔到图样尺寸，孔心距95mm的偏差应控制在±0.11mm以内
7	检验	
8	钳工	划线、加工2×M6、2×M4、2×φ2.5mm，去毛刺
9	热处理	淬火、回火至58~62HRC
10	磨	磨上、下两平面至64mm（先磨尾部平面，后磨刃口端面）
11	钳工	清洁、抛光φ6mm和φ9mm孔
12	线切割	按图4-4所示，使用专用二类工具（预先制造）装夹工件和找正基准，按中值尺寸正确编程，合理设置各参数，割出周边刃口（注：二类工具也被切割）
13	钳工	清洁、抛光刃口面
14	检验	

3. 凸模固定板

凸模固定板如图4-5所示，它也是多孔板类零件，并且孔系与凹模一一对应，同轴度要求高。为保证各孔位置尺寸与凹模一致，采用线切割加工。另外，定位销孔、卸料螺钉孔等需装配时组合加工。

凸模固定板的加工工艺过程见表4-3。

表4-3　凸模固定板的加工工艺过程

工序号	工序名称	工序内容
1	下料	选厚度为25mm的Q235钢板，气割下料，下料尺寸为205mm×170mm
2	铣	铣六面至195mm×160mm×20.3mm
3	磨	磨A、B两个大平面至厚度20mm，保证平行度；再磨两直角面C、D与大平面两两垂直。表面粗糙度Ra0.8μm
4	钳工	1）划压力中心线及各凸模安装孔的中心位置和轮廓 2）钻穿丝孔，5×φ6mm和φ10mm中心处钻穿丝孔φ3mm，在落料凸模安装型孔处，于R15.78mm圆弧的中心钻穿丝孔φ10mm，清除穿丝孔毛刺
5	检验	

(续)

工序号	工序名称	工序内容
6	线切割	校正工件方位,找正 ϕ10mm 穿丝孔的中心,依次跳步割出各凸模安装孔。编程时,各尺寸以中值计算
7	钳工	清洁、抛光线切割加工表面,锪 5×ϕ8mm 的沉孔
8	检验	
9	入库待装配	

注:其余各孔装配时组合加工。

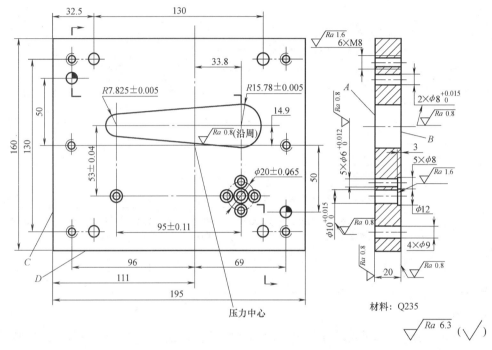

图 4-5 凸模固定板

4. 卸料板

卸料板如图 4-6 所示,凸模过孔用线切割加工,其加工工艺过程见表 4-4。

表 4-4 卸料板加工工艺过程

工序号	工序名称	工序内容
1	下料	Q235 钢板下料,下料尺寸 205mm×170mm×25mm
2	铣	铣六面至 195mm×160mm×18.2mm
3	磨	磨两面至厚度 18mm,保证平行及表面粗糙度值要求。再磨两直角边,并与两个大平面两两垂直
4	钳工	1)划压力中心线及凸模过孔的中心位置和轮廓线 2)于 5×ϕ5.8mm 和 ϕ8.5mm 的中心钻穿丝孔 ϕ3mm,于落料凸模过孔的 R16mm 圆弧中心钻穿丝孔 ϕ10mm,清除各孔毛刺
5	线切割	校正工件方位,找正 ϕ10mm 穿丝孔中心,依次割出各凸模通过孔

（续）

工序号	工序名称	工序内容
6	检验	
7	钳工	清洁各型孔,划压料面的台阶线
8	铣	铣台阶面,保证尺寸132mm和8mm,以及相对压力中心的位置(尺寸52mm)。去毛刺
9	钳工	划线并加工4×φ14mm通孔和φ14mm沉孔,并去毛刺。根据划线加工足以满足要求
10	检验	

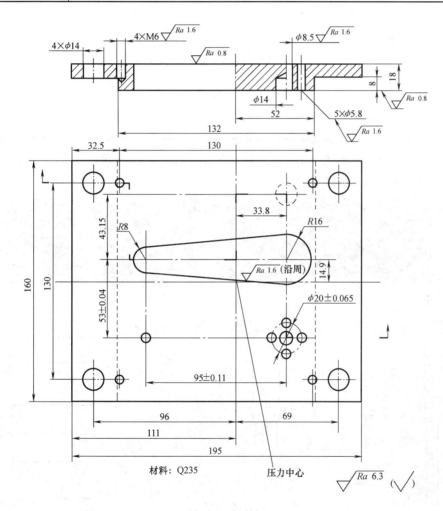

材料: Q235

图4-6　卸料板

5. 导正销

模具的两个导正销如图4-7所示,采用这种结构的好处是落料凸模刃磨后无须修正导正销。其加工工艺主要考虑两段外圆的尺寸精度和相互同轴度,此处由于尺寸较小,常采用增加余料的方法进行加工,即下料时将毛坯加长,一次装夹磨削两段外圆及导入圆锥面,最后将多余的长度切除。φ2.5mm侧孔轴线需与圆柱轴线正交,可在铣床上加工。具体加工工艺过程,读者可自行拟定。

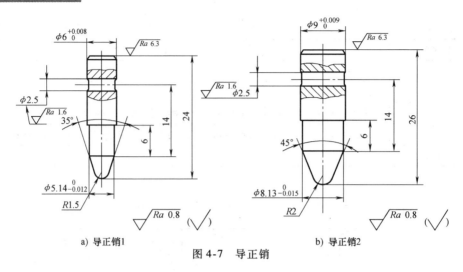

a) 导正销1 b) 导正销2

图 4-7　导正销

6. 冲孔凸模

如图 4-8 所示，冲孔凸模比较细长，尤其是冲 $\phi5mm$ 孔的凸模。因此，工件应装夹在双顶尖之间，或在一夹一顶的状态下加工，坯料长度应比正常情况下加长 5 ～ 7mm，最后将刃口端部带有中心孔的部分切除。

　　　提示：当凸模刃口直径很小，不便钻中心孔时，可将刃口端加工成图 4-9a 所示的结构，同样的道理，若刃口直径较大，为方便最后的切除，可制成图 4-9b、c 所示的形式。

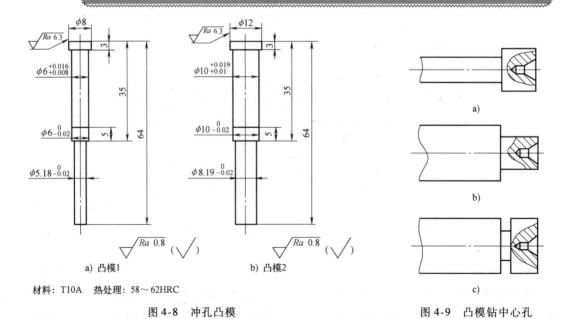

a) 凸模1　　　　b) 凸模2

材料：T10A　热处理：58～62HRC

图 4-8　冲孔凸模

a)

b)

c)

图 4-9　凸模钻中心孔

7. 凸模垫板

凸模垫板如图 4-10 所示，各孔均为螺钉、销钉过孔，无配合要求。由于需要淬火，可先划线、加工，热处理后将上、下两面磨削至厚度 6mm，保证平行度和表面粗糙度值要求。

毛坯可切割锻件，也可锯圆钢 $\phi 250mm \times 12mm$。

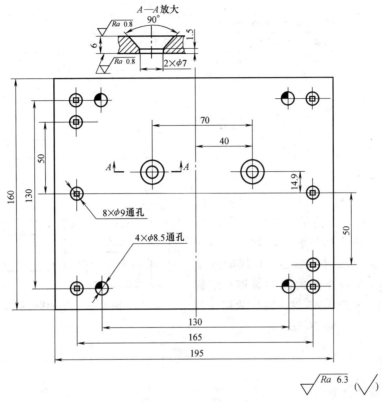

材料: T7　热处理: 52～56HRC

图 4-10　凸模垫板

8. 导料板

导料板如图 4-11 所示，左右两件对称。导料板的精度要求主要是两导料板导料面之间的距离和方位，一般通过装配时修配来达到要求。先期加工阶段的加工工艺见表 4-5。

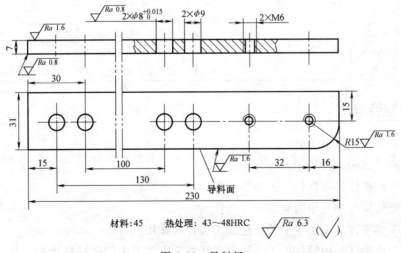

材料:45　热处理: 43～48HRC

图 4-11　导料板

表 4-5　导料板的加工工艺过程

工序号	工序名称	工序内容
1	下料	圆钢下料 $\phi35mm \times 240mm$
2	铣	铣成六方形,尺寸 $230mm \times 31.2mm \times 7.5mm$
3	磨	磨两面分别至 $Ra1.6\mu m$ 和 $Ra0.8\mu m$
4	钳工	以凹模的销钉孔、螺孔为基准引钻 $2 \times \phi9mm$ 孔和钻铰 $2 \times \phi8mm$ 孔。钻、攻 $2 \times M6$ 螺孔,划线 $R15mm$
5	铣	按线铣 $R15mm$
6	热处理	淬火、回火至 $43 \sim 48HRC$。垂直悬挂,减少变形
7	磨	磨两面至 $7mm$

9. 其他零件

其他零件如模柄、承料板、挡料销等,结构及加工工艺均较为简单,这里不予赘述。需要说明的是上模座柄安装孔的加工,由于压力中心不在模座的对称中心,划线时应予以注意。另外,两导正销的限位螺钉,结构如图 4-12 所示,材料为 45 钢,两件的螺纹长度 S 部分分别为 $4mm$ 和 $10mm$。

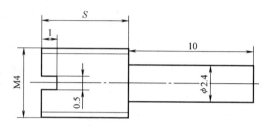

图 4-12　限位螺钉示意图

 任务评价

任务评分表见表 4-6。

表 4-6　手柄冲孔、落料模零件的加工评分表

序号	项目与技术要求	配分	考核标准	得分
1	制定工艺合理	20	工艺不合理酌情扣分	
2	积极发言,参与小组讨论	5	根据现场情况酌情扣分	
3	认真收集和处理信息	5	根据现场情况酌情扣分	
4	加工工具准备齐全	15	每少一种扣 1 分	
5	设备操作正确	15	总体评定	
6	加工质量满足要求	20	线条不清楚或有重线每处扣 1 分	
7	使用工具正确,操作姿势正确	10	发现一项不正确扣 2 分	
8	安全文明操作	10	违反安全文明操作规程酌情扣 $10 \sim 20$ 分	

复习与思考

1. 冲模零件是如何分类的?
2. 简述冲模结构零件的加工流程。
3. 退火在冲模结构零件加工工序中的作用是什么?
4. 冲模结构零件加工中的调质起什么作用?
5. 冲模工作零件加工工序中的光整加工起什么作用?
6. 冲模工作零件采用特种加工方法与常规加工方法最大的区别是什么?

任务2 塑料模具加工

任务描述

校办工厂接到某模具厂滑轮注射模具非标准零件的加工，装配图如图4-13所示。

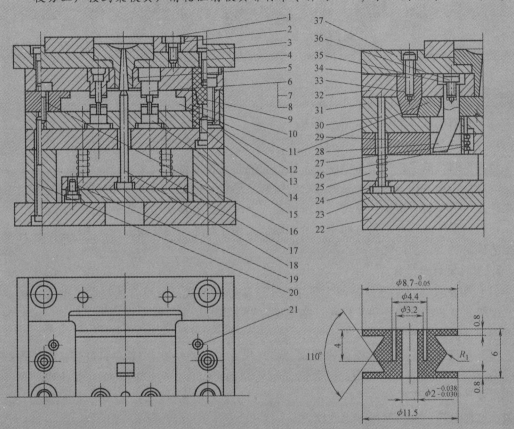

图4-13 滑轮注射模具装配图

1—定位圈 2、3、4、16、19、20、34、36—内六角圆柱头螺钉 5—浇口套 6、7、8—定模型芯
9—圆锥定位销 10—压板 11—对拼型腔 12—导套 13—导柱 14—圆锥定位套 15—下型芯
17、26—弹簧 18—顶杆 21—圆柱销 22—动模座板 23、25—垫板 24—顶杆固定板
27—限位钉 28—斜导柱 29—支承板 30—复位杆 31—动模板 32—定模板
33—斜压块 35—压块 37—定模座板

知识目标

1. 了解塑料模零件的分类。

2. 熟悉塑料模的加工特点。

3. 掌握塑料模结构零件的加工工艺。

4. 掌握塑料模成型零件的加工工艺。

5. 掌握模具零件加工的安全操作规程。

能力目标
1. 能够正确识读塑料模具图样。
2. 能够独立查阅机械零件加工工艺手册。
3. 能与同伴合作正确制定塑料模零件加工工艺。
4. 能够正确选择并使用各种机械加工设备、刀具和夹具等。
5. 与小组成员相互监督，能够做到"7S"管理规范。

 相关知识

一、塑料模零件的分类与加工特点

1. 塑料模零件的分类

塑料模的组成零件按用途可以分为成型零件与结构零件两大类。

成型零件指直接与塑料接触的决定塑料制品形状和精度的零件，即构成型腔的零件。结构零件指用于安装、定位、导向、支承以及成型时完成各种动作的零件。

塑料模零件的制造工艺与冲模有所不同，尤其在材质、热处理方面差别较大，因此在制造工艺编制时要特别注意。

2. 塑料模的加工特点

（1）型腔（芯）呈立体型面 塑件的外形和内部形状是由模具的型腔、型芯直接成型的，型腔、型芯的形状是塑件复映，这些复杂的立体形状加工难度比较大，特别是型腔的盲孔型内成型表面加工。

（2）精度要求高 塑料模具的型腔（芯）尺寸精度，一般为IT9~IT11。精密塑件的型腔（芯）尺寸精度为IT7~IT9，配合部分精度为IT7~IT8。为了提高模具的使用寿命，有些塑料模具的成型零件还需进行淬火甚至氮化。在塑料模具零件的加工中，数控铣削、成形磨削、电加工等精密加工所占比例较大。

（3）表面质量要求高 型腔（芯）的表面粗糙度值一般为 $Ra0.2 \sim 0.1\mu m$，有镜面要求的表面粗糙度值为 $Ra0.05\mu m$ 以下。为达到表面粗糙度要求，型腔（芯）经精加工后，必须经过严格的研磨、抛光。目前，多数采用手工、电动研磨和抛光，其手工加工的比例约占整副模具加工量的40%。对于精密模具，手工加工量约占10%。

（4）工艺流程长 塑料模的成型部分是由定模、动模和滑块等部件构成的，而定模、动模又是若干个零件的组合。为了保证相互之间的型状和位置精度，需要采取配制的方法进行加工。其加工方法包括数控铣削、成型磨削、电火花成形、孔加工、热处理与表面强化、抛光与研磨等精密加工。

二、塑料模零件的加工

1. 塑料模结构零件的加工

塑料模结构零件的特点是不直接参与塑料制品的成型，所以不需要特别的材料和特殊的热处理，加工工艺较为简单，通常采用常规加工方法。

塑料模结构零件的加工常用工艺流程为：

备料→热处理（退火）→粗加工或半精加工→热处理（调质或淬火）→精加工→光整加工。

（1）备料 塑料模结构零件的坯料一般采用型材，只有在零件尺寸较大时采用锻造毛坯。

（2）热处理（退火） 该热处理工序主要是锻造毛坯料退火，防止锻造后的坯料在空气中和地面上冷却析出大量马氏体组织而局部变硬，不利于以后的机械加工。

（3）粗加工或半精加工 主要任务是切除加工表面上的大部分余量，使毛坯的形状和尺寸尽量接近成品。粗加工阶段，加工精度不高，切削用量、切削力都比较大，所以粗加工阶段主要考虑如何提高劳动生产率，粗加工常采用车、铣、刨、钻等加工方法。

半精加工阶段主要是切除粗加工后留下的误差，使被加工工件达到一定精度，为精加工做准备，并完成一些次要的加工，如钻孔、攻螺纹、铣键槽等。

（4）热处理（调质或淬火） 该工序主要是模具零件进行调质处理，调质是为了调整中碳结构钢的性能，使其具有最佳强度与韧性配合而进行的金属热处理工艺。

提示：塑料模具由于工作对象为塑料，所以模具零件的淬火处理硬度要求不高。

（5）精加工 精加工主要任务是提高表面精度达到规定质量要求。要求的加工精度较高，各表面的加工余量和切削用量都比较小，精加工常采用精车、精磨、数控加工和特种加工等加工方法。

（6）光整加工 塑料模结构零件与冲模工作零件的光整加工作用相同。

2. 塑料模成型零件的加工

（1）塑料模成型零件的加工方法分类 塑料模成型零件的加工方法根据加工条件不同可分为通用机床加工、数控机床加工和特种工艺加工三大类。

通用机床加工模具型腔，主要依靠工人的熟练技术，利用铣床、车床等进行粗加工、半精加工，然后由钳工修整、研磨和抛光。这种工艺方案，生产率低，周期长，质量也不易保证。但设备投资小，机床通用性强，作为精密加工、电加工之前的粗加工和半精加工又不可少，因此仍用来加工相对简单、规则的型腔零件。

数控机床加工是指采用数控铣等机床对模具型腔进行粗加工、半精加工、精加工以及采用高精度的成形磨床等热处理后的精加工，并采用三坐标测量仪进行检测。采用通用机床加工很困难，不易加工出合适的型腔，采用数控机床加工很理想，但一次性投资大。

特种工艺加工主要是指采用电火花加工、电解加工、挤压、精密铸造、电铸型腔等成形方法。在塑料模具制造中用得较多的是电火花型腔加工和电火花线切割加工。尤其是电火花型腔加工，广泛应用于型腔表面精加工。

（2）塑料模具成型零件常用工艺流程 备料→粗加工→热处理（调质、正火或淬火）→钳加工→精加工→光整加工。

1）备料。塑料模具结构零件的坯料一般采用型材，只有在零件尺寸差异较大时采用锻造毛坯，毛坯锻造后必须进行退火处理。

2）粗加工。粗加工的主要任务是切除加工表面上的大部分余量。常用的方法是车、铣、刨、粗磨等。

3）热处理（调质、正火或淬火）。调质是为了调整中碳结构钢的性能，使其具有最佳强度与韧性配合而进行的金属热处理工艺。

4）钳加工。钳加工主要包括划线、钻孔等。

5）精加工。精加工主要是使零件各主要表面达到图样规定的尺寸精度和表面粗糙度值。常采用精车、精铣、精镗、精磨、数控加工和特种加工等。

6）光整加工。由于塑料模具的成型零件接近塑料制品，其表面粗糙度对制品表面有极大的影响，塑料模具成型零件的表面粗糙度值一般为 $Ra0.2 \sim 0.1\mu m$。对于塑料流动性差和塑件表面粗糙度值要求小的产品，则要求模具成型零件的表面粗糙度值为 $Ra0.1 \sim 0.025\mu m$，因此以上表面要进行研磨和抛光加工，部分表面还应进行镀铬处理。

> 提示：在模具零件加工过程中，需要考虑机加工和热处理的顺序。机加工的安排原则一般为先粗后精、先主后次、基面先行、先面后孔。零件的热处理安排为：预先热处理安排在粗加工前后，最终热处理安排在精加工前后。

任务实施

三、模具零件加工

1. 对拼型腔

对拼型腔有两件，材料为3Cr2W8V，氮化处理，硬度为50~55HRC，如图4-14所示。由于拼合要求高，应整体考虑加工工艺，采用合件加工的方法，其加工工艺过程见表4-7。

表4-7 对拼型腔加工工艺过程

工序号	工序名称	工序内容
1	锻造	锻件尺寸82mm×53mm×19mm，数量两件
2	铣削	铣六面至77mm×50mm×13.4mm；铣台阶面和20°斜面，留单面磨削余量0.5mm
3	磨	磨六面至76.6mm×49.6mm×13.2mm，保证各面两两垂直
4	钳工	1）以装配基面为基准，在平板上对正两件拼合面，使之达到密合程度，并与基准面垂直 2）制作一块工艺板，尺寸为102mm×80mm×15mm，两平面磨平行 3）在工艺板上将两件紧密拼合后夹紧，钻铰4×φ6mm销孔，装入销钉，得到型腔工件组件，如图4-15所示
5	磨	磨型腔组件的上平面至尺寸 $13_{-0.01}^{0}$ mm
6	坐标镗	1）找正装夹后，在两型腔中心位置和顶杆孔位置，钻铰3×φ6mm孔；在斜导柱孔的中心位置钻铰2×φ4mm穿丝孔，精确保证其位置尺寸及相对拼合面的对称度 2）组件翻转180°，校正方位装夹，找正φ6mm孔基准，钻2×φ6mm×90°限位锥坑
7	检验	
8	车	1）花盘装夹，分别找正三个φ6mm孔中心，镗顶杆孔和两型腔孔上部达到图样要求 2）调整面进行装夹，分别找正后镗两型腔的φ11.5mm（深4.25mm）沉孔至要求
9	检验	

（续）

工序号	工序名称	工 序 内 容
10	工具磨	找正装夹工件,磨台阶直角面(导向面)和20°斜面至图样要求
11	检验	
12	线切割	分别找正2×φ4mm穿丝孔中心,切割两处14mm×14mm方孔,单面留0.005mm的研磨余量
13	铣	1)拆去工艺板,正、反面铣方孔的15°斜面 2)铣楔形浇口,单面留0.005mm的研磨余量
14	检验	
15	钳工	修半型腔的R1mm,研修各部位至要求,并试装合格
16	热处理	氮化处理,硬度至50~55HRC
17	钳工	抛光各面

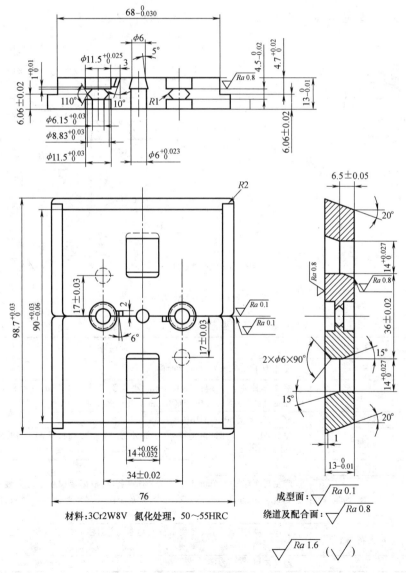

图 4-14　对拼型腔

2. 定模型芯

定模型芯有两套，每套由三个零件组成，如图 4-16 所示，三件之间为间隙配合，型芯 A 与定模板为过渡配合。装配后，三件所有的装配面及成型面都要同轴，型芯 A 的右端面与型芯 B 的右端沉孔底面须在同一平面内。

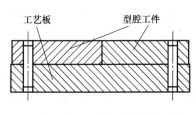

图 4-15　型腔工件组件

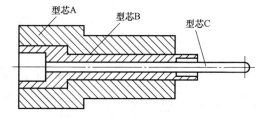

图 4-16　定模型芯组

（1）型芯 A　型芯 A 如图 4-17 所示，其加工工艺过程见表 4-8。

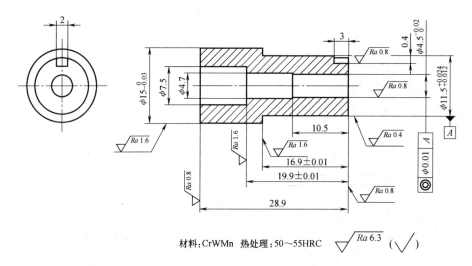

材料：CrWMn　热处理：50～55HRC

图 4-17　定模型芯 A

表 4-8　定模型芯 A 的加工工艺过程

工序号	工序名称	工序内容
1	下料	尺寸为 φ20mm×70mm（含两件）
2	车	按图车成形。大端面加长 6mm，小端面留余量 0.3mm，φ4.5mm 内孔留余量 0.2mm，φ11.5mm 外圆留余量 0.3mm，其余到尺寸
3	热处理	淬火，回火至 50～55HRC
4	磨	先磨 φ15mm 外圆，再夹持 φ15mm 外圆，磨 φ11.5mm 外圆和 φ4.5mm 内孔到尺寸，并侧磨台肩面
5	检验	
6	磨	磨左端面与 φ11.5mm 轴线垂直，仍留余量；根据定模板型芯安装孔和对拼型腔上侧 φ11.5mm 孔深度的实际尺寸，以及装配后与型腔的位置要求，配磨右端面尺寸 16.9mm
7	电火花加工	制作电极，正确定位、安装工件与电极，从圆柱面法向进给，加工 3mm×2mm×0.4mm 浇口
8	钳工	抛光各相关部位

（2）型芯 B 型芯 B 如图 4-18 所示，其加工工艺过程见表 4-9。

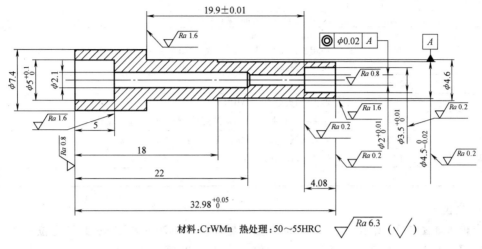

材料：CrWMn 热处理：50～55HRC

图 4-18 定模型芯 B

表 4-9 定模型芯 B 的加工工艺过程

工序号	工序名称	工 序 内 容
1	下料	尺寸为 $\phi10mm \times 80mm$（含两件）
2	车	按图车成形。$\phi4.5mm$ 外圆留余量 0.3mm，$\phi2mm$ 内孔留余量 0.5mm，$\phi3.5mm$ 内孔不加工，左、右端面各留余量 0.4mm，其余到尺寸
3	检验	
4	热处理	淬火、回火至 50～55HRC
5	磨	夹持 $\phi7.4mm$ 外圆，磨 $\phi4.5mm$ 外圆，单面留 0.005mm 的研磨余量，侧磨台肩面
6	磨	磨左、右端面与 $\phi4.5mm$ 轴线垂直，仍留余量
7	电火花加工	制作阶梯电极，安装时，校正工件 $\phi4.5mm$ 外圆与电极同轴，加工 $\phi2mm$ 和 $\phi3.5mm$ 内孔，根据型芯 A 的 19.9mm 实际尺寸和本工件尺寸，计算和控制 $\phi3.5mm$ 内孔深度，并留 0.01mm 的单面研抛余量。注意定期抬刀，防止二次放电
8	钳工	研抛各相关部位，装入型芯 A 检验，修研各相关面
9	磨	磨右端面至尺寸 4.08mm 要求
10	检验	

（3）型芯 C 型芯 C 如图 4-19 所示，加工工艺过程见表 4-10。

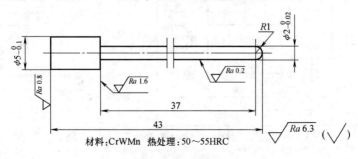

材料：CrWMn 热处理：50～55HRC

图 4-19 定模型芯 C

表 4-10　定模型芯 C 的加工工艺过程

工序号	工序名称	工序内容
1	下料	尺寸 ϕ6mm×100mm（含两件）
2	车	1）一端车 60°锥角 2）用反顶尖"一夹一顶"装夹，按图车成形。ϕ2mm 外圆留余量 0.3mm，长度需考虑反顶尖割除后得以保证尺寸 37mm
3	检验	
4	热处理	淬火、回火至 50～55HRC
5	磨	一夹一顶装夹，磨 ϕ2mm 外圆，留单面研抛余量 0.005mm
6	线切割	割去反顶尖，保证 37mm 有效长度
7	钳工	研磨 ϕ2mm 外圆至要求，修磨并抛光 R1mm 球头
8	检验	

3. 定模板

定模板如图 4-20 所示，4×ϕ20mm 孔安装导柱，2×ϕ20mm 孔安装圆锥定位销 9（见图 4-13），4×ϕ14mm 深 10mm 的沉孔安装螺钉 16，4×M8 螺孔用来安装螺钉 3。其加工工艺过程见表 4-11。

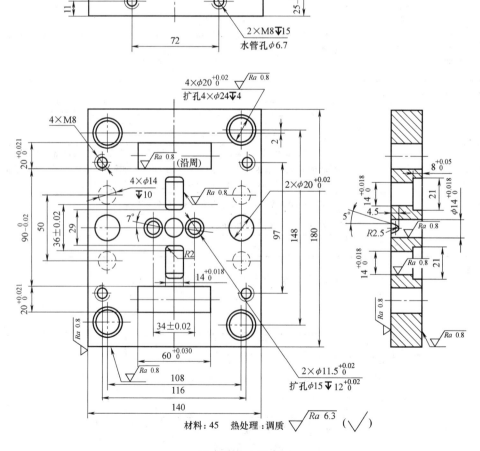

图 4-20　定模板

表 4-11　定模板的加工工艺过程

工序号	工序名称	工 序 内 容
1	锻造	锻件尺寸 188mm×148mm×32mm
2	热处理	调质,硬度至 22~28HRC
3	铣	铣六面至 180.4mm×140.4mm×25.4mm
4	磨	磨六面至 180mm×140mm×25mm。厚度 25mm 达公差要求。要注意相邻面两两相互垂直
5	钳工	划各孔中心位置和轮廓线,并在 6×φ20mm、2×φ11.5mm 及浇口套安装孔 φ14mm 中心孔处预钻孔
6	坐标镗	1)与动模板重叠,侧基准对齐装夹,镗 6×φ20mm 孔及 2×φ11.5mm 型芯固定孔,并扩 2×φ15mm 深 12mm 沉孔,控制孔深达要求;于浇口套安装中心钻铰 φ6mm 孔 2)定模板单独找正、装夹,找正浇口套安装孔中心,镗 φ14mm 孔到尺寸;在四个矩形孔中心钻 φ4mm 穿丝孔
7	线切割	找正穿丝孔中心,切割两个 60mm×20mm 矩形孔和两个 14mm×14mm 矩形孔,留单面研抛余量 0.01mm
8	铣	1)铣两处矩形沉孔 21mm×14mm 2)钻、锪 4×φ14mm 深 10mm 避让孔及导柱安装孔沉孔 φ24mm
9	电火花加工	装入浇口套,制作电极一并加工 U 形分流道
10	钳工	整体研抛分流道至要求,研抛矩形孔至要求,钻、攻 4×M8 螺孔,钻 2×φ6.7mm 通水孔并攻 2×M8 深 15mm 螺孔。去各处毛刺
11	检验	

提示:分流道的加工,也可与浇口套单独进行,装配后由钳工修磨至平滑,但难以精确保证流道设计参数。

4. 动模板

动模板如图 4-21 所示。图 4-21 中 2×φ6mm 孔用于安装限位钉 27(见图 4-13),4×

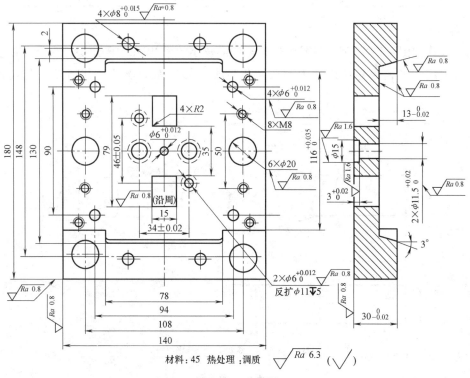

图 4-21　动模板

φ8mm 为复位杆 30 过孔，4 × φ6mm 为与压板 10 的定位销钉孔，矩形孔是为避让斜导柱而设的。动模板的加工工艺过程见表 4-12。

表 4-12　动模板的加工工艺过程

工序号	工序名称	工 序 内 容
1	锻造	锻件尺寸为 187mm × 147mm × 37mm
2	热处理	退火
3	铣	1) 铣六面至 180.5mm × 140.5mm × 30.5mm 2) 铣中间凹槽，留单面磨削余量 0.3mm
4	热处理	调质，22 ~ 28HRC
5	磨	磨六面及凹槽底平面，保证厚度 30mm 的公差要求，槽深尺寸 13mm 与对拼型腔 11 的厚度相等。各面对角尺，保证相邻平面两两垂直
6	钳工	划各孔中心位置和轮廓线
7	坐标镗	1) 与定模板重叠，侧基准对齐装夹，镗 6 × φ20mm 孔及 2 × φ11.5mm 型芯固定孔；钻铰 φ6mm 顶杆孔 2) 动模板单独找正、装夹、钻铰复位杆孔 4 × φ8mm 和限位钉孔 2 × φ6mm
8	检验	
9	铣	1) 用锥度铣刀铣 3°斜面对称于中心、留单面 0.2mm 余量 2) 翻面装夹，锪 2 × φ15mm 深 3mm 和 2 × φ11mm 深 5mm 沉孔 3) 铣矩形避让孔 22mm × 15mm
10	检验	
11	工具磨	1) 以 φ6mm 顶杆孔为基准找正，磨凹槽侧面尺寸 116mm 到要求，保证对称 2) 磨 3°斜面到要求并对称于中心
12	检验	
13	钳工	1) 锉修短形孔 4 × R2mm，研抛各处 2) 配钻 8 × M8 螺纹孔 3) 与压板 10 一同钻铰 4 × φ6mm 销孔

5. 斜导柱

两斜导柱如图 4-22 所示，材料为热处理变形较小的 CrWMn，采用锻件毛坯，线切割加工成型，但应注意，为避免内应力释放产生变形，仍应钻穿丝孔，其加工工艺过程见表 4-13。

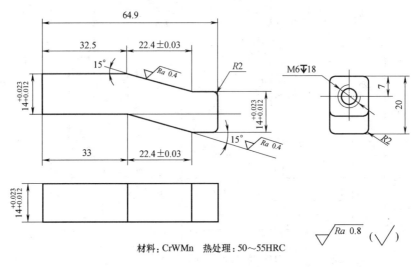

材料：CrWMn　热处理：50~55HRC

图 4-22　斜导柱

表 4-13　斜导柱加工工艺过程

工序号	工序名称	工 序 内 容
1	锻造	锻件尺寸为 100mm×48mm×20mm(含两件)
2	热处理	退火
3	铣	铣六面至 93mm×41mm×14.6mm
4	磨	磨两平面至厚度 14.4mm
5	钳工	按图 4-23 所示划线,钻穿丝孔 φ3mm,钻攻 2×M6 螺孔。零件轮廓与毛坯边缘距离不小于 3mm
6	热处理	淬火、回火至 50~55HRC
7	磨	磨两平面,厚度 14mm 至尺寸,两面余量均匀,再磨一个侧基准面
8	线切割	夹持一端,校正基准面,找正穿丝孔中心,按正确路径切割两件成形,各面留 0.005mm 的研抛余量
9	钳工	研抛各面至要求,修棱边圆角 R2mm
10	检验	

6. 浇口套

浇口套如图 4-24 所示,由于需要淬硬,分流道不便与定模板组合后切削加工,可以单独制作,在装配后由钳工修磨分流道型面,但如果流道要求较高,较难达到要求。这里采用装配后用电火花成型的方法进行加工,整个加工工艺过程见表 4-14。

7. 圆锥定位销和圆锥定位套

圆锥定位销和圆锥定位套是精定位零件,同轴度和配合精度要求较高,如图

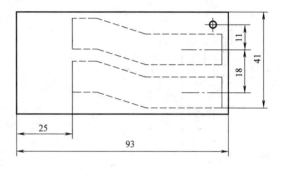

图 4-23　斜导柱划线钻孔示意图

4-25、图 4-26 所示。加工时,锥面需配磨吻合。注意两件要一一对应。它们的加工工艺过程见表 4-15。

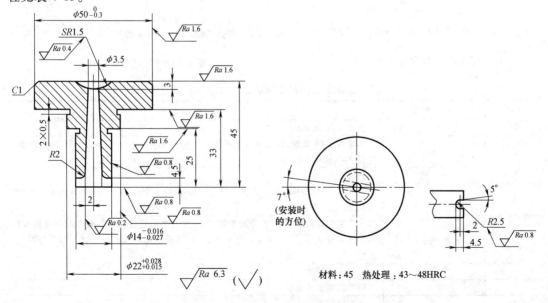

材料:45　热处理:43~48HRC

图 4-24　浇口套

表 4-14　浇口套的加工工艺过程

工序号	工序名称	工 序 内 容
1	下料	圆钢下料,尺寸 φ55mm × 50mm
2	车	按图车成形。φ22mm 和 φ14mm 留余量 0.25mm, SR15mm 球面留研抛余量 0.05mm,自磨锥形钻头和铰刀加工主流道内孔。长度留余量 0.8mm
3	热处理	淬火、回火至 43 ~ 48HRC
4	磨	磨 φ22mm 和 φ14mm 外圆至尺寸,侧磨 33mm 台肩面
5	磨	1)磨大端面,要求与 φ14mm 轴线垂直 2)装入定模板,磨下端面与定模板平齐
6	电火花	制作成型电极,与定模板一并加工 R2.5mm U 形分流道
7	钳工	研抛 SR15mm 球面、主流道和 U 形分流道,修研 R2mm 圆角
8	检验	

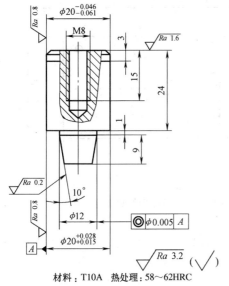

材料:T10A　热处理:58~62HRC

技术要求:圆锥面配合后,贴合面不低于80%

图 4-25　圆锥定位销

材料:T10A　热处理:58~62HRC

技术要求:圆锥面配合后,贴合面不低于80%

图 4-26　圆锥定位套

表 4-15　圆锥定位销和圆锥定位套的加工工艺过程

工序号	工序名称	工 序 内 容
1	下料	整体下料,φ25mm × 160mm
2	车	车两件成形,切断,加工螺纹。圆柱面和圆锥面均留 0.2mm 单边余量,螺纹端面加长 3 ~ 4mm
3	热处理	淬火至 58 ~ 62HRC
4	磨	一次装夹,磨圆锥定位套外圆和锥孔至尺寸,掉头磨尾端压入时的导入部分外圆至尺寸
5	磨	一次装夹,磨圆锥定位销外圆至尺寸,一对一地以定位套的内锥面配磨外锥面,用红丹粉检查接触面,保证达到 80% 以上;掉头磨尾端压入时的导入部分外圆至尺寸
6	车	切除多余长度
7	钳工	研抛圆锥面至要求
8	磨	装配时配磨两端面

8. 压板

压板是对拼型腔运动的导向零件,如图 4-27 所示,其两件,左右各一件。A 面为安装基面,B、C 面为导向面。其加工工艺过程见表 4-16。

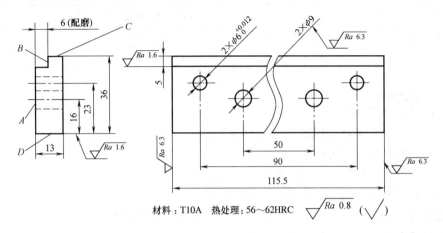

材料:T10A 热处理:56~62HRC $\sqrt{Ra\ 0.8}$ ($\sqrt{}$)

图 4-27 压板

表 4-16 压板加工工艺过程

工序号	工序名称	工序内容
1	下料	圆钢下料,尺寸为 $\phi40\text{mm}\times120\text{mm}$,共两件
2	铣	铣方为 $115.5\text{mm}\times36.8\text{mm}\times13.8\text{mm}$,铣 $6\text{mm}\times5\text{mm}$ 台阶
3	磨	磨四面至 $36.6\text{mm}\times13.6\text{mm}$,对角尺,保证两两垂直
4	钳工	1)按图划各孔位线,钻 $2\times\phi9\text{mm}$ 孔 2)用螺钉紧固于动模板 31 上,整体钻铰 $2\times\phi6\text{mm}$ 销孔
5	热处理	淬火、回火至 56~62HRC
6	磨	磨两个大平面及 D 面,对角尺,保证 $D\perp A$,厚度 13mm 仍留余量
7	工具磨	根据对拼型腔的台阶实际尺寸,配磨台阶面尺寸 6mm,保证导向间隙 0.02mm
8	检验	
9	钳工	抛光 $2\times\phi6\text{mm}$ 销孔,用 $\phi6\text{mm}$ 销钉与动模板联接检查,保证定位可靠。注意,需一一对应左右侧位置,打上标记识别
10		装配时配磨 C 面

任务评价

任务评分表见表 4-17。

表 4-17 滑轮注射模具非标准零件加工评分表

序号	项目与技术要求	配分	考核标准	得分
1	制定工艺合理	20	工艺不合理酌情扣分	
2	积极发言,参与小组讨论	5	根据现场情况酌情扣分	
3	认真收集和处理信息	5	根据现场情况酌情扣分	
4	加工工具准备齐全	15	每少一种扣 1 分	

（续）

序号	项目与技术要求	配分	考 核 标 准	得分
5	设备操作正确	15	总体评定	
6	加工质量满足要求	20	线条不清楚或有重线每处扣1分	
7	使用工具正确,操作姿势正确	10	发现一项不正确扣2分	
8	安全文明操作	10	违反安全文明操作规程酌情扣10～20分	

复习与思考

1. 塑料模的组成零件按用途可以分为哪几类?

2. 简述塑料模的加工特点。

3. 简述塑料模结构零件的常规加工工艺流程。

4. 塑料模成型零件的加工方法分为哪几类?

5. 塑料模结构零件与成型零件的加工工艺流程有什么区别?

6. 简述塑料模成型零件的光整加工要求。

项目5　典型模具装配

模具装配就是根据模具装配图样和技术要求，将模具的零部件，按照一定的工艺顺序进行配合与定位、连接与固定，使之成为符合要求的模具产品。模具的装配，是模具制造过程的最后阶段，它包括装配、调整、检验和试模。

任务1　冲压模具装配

任务描述

要求按图5-1所示完成模具固定夹冲孔落料级进模具的装配，并达到装配技术要求。

知识目标

1. 掌握冲压模具装配工艺编制的步骤。

2. 掌握冲压模具装配步骤。

3. 掌握冲压模具装配的安全操作规程。

能力目标

1. 能够正确识读冲压模具装配图。

2. 能够独立查阅机械零件装配工艺手册。

3. 能与同伴合作正确制定装配工艺。

4. 能够正确选择并使用各种机械设备。

5. 能够做到"7S"管理规范的要求。

 相关知识

冲压模具装配是冲模制造中的关键工序。其装配质量如何，将直接影响到制件的质量、冲模的技术状态和使用寿命。

模具装配过程中，模具钳工的主要工作是把已加工好的模具零件按照装配图的技术要求装配，修整成一副完整、合格的优质模具。

一、冲压模具装配的技术要求和特点

在冲压模具制造中，为确保模具必要的装配精度，发挥良好的技术状态和维持应有的使

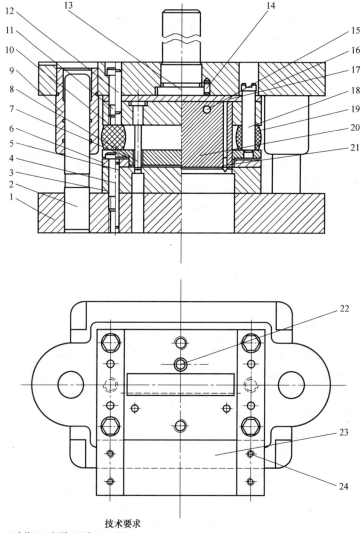

技术要求
1.冲裁刃口间隙(双面)Z_{min}=0.1mm，Z_{max}=0.14mm
2.凸模与固定板的配合一般按H7/n6或H7/m6，保证工作稳定可靠

图 5-1　固定夹冲孔落料级进模装配图

1—下模座　2—导柱　3—凹模　4、11、24—螺钉　5、12—圆柱销　6—导料板　7—卸料板　8—冲孔
凸模　9—导套　10—固定板　13—模柄　14—止转销　15—挂销　16—上模座　17—垫板
18—卸料螺钉　19—橡胶块　20—落料凸模　21—导正销　22—挡料销　23—承料板

用寿命，除保证冲压模具零件的加工精度外，在装配方面也应达到规定的技术要求。

模具装配的技术要求，包括模具外观、安装尺寸和总体装配精度。

1. 模具外观和安装尺寸要求

1）模具外露部分锐角应倒钝，安装面应平整光滑，螺钉、销钉、销钉头部不能高出安装基面，并无明显毛刺及击伤等痕迹。

2）模具的闭合高度、安装于压力机上的各配合部位尺寸应与所选用的设备规格相符。

3）装配后的模具应该有模具编号和产品零件图号。大、中型模具应设有吊孔。

2. 冲压模具总体装配精度要求

1）模具各零件的材料、几何形状、精度、表面粗糙度和热处理硬度等，均要符合图样要求。各零件的工作表面不允许有裂纹和机械损伤等缺陷。

2）模具装配后，必须保证模具各零件间的相对位置精度。尤其是制件的某些尺寸与几个模具零件尺寸有关时，应特别注意。

3）模具的活动部位，应保证位置准确、配合间隙适当、动作可靠、运动平稳。

4）模具的紧固零件应牢固可靠，不得出现松动和脱落。

5）所选用的模架等级应满足制件的技术要求。

6）模具装配后，上模座沿导柱上、下移动时，应平稳、无滞涩现象，导柱与导套的配合应符合规定标准要求，且间隙在全长范围内应不大于 0.05mm。

7）模柄的圆柱部分应与上模座上平面垂直，其垂直度公差在全长范围内应不大于 0.05mm。

8）所有的凸模应垂直于固定板安装基准面。

9）装配后的凸模与凹模的间隙应均匀，并符合图样上的要求。

10）装配后的模具，应符合图样上除上述要求以外的其他技术要求。

> 提示：模具装配的要点是配作。由于模具生产是单件生产，而且有些部位的精度要求很高，因此，广泛采用配作方法来保证其装配要求。若不了解其装配特点，将模具全部零件分别按图样进行加工，往往装配不起来或者达不到装配的技术要求。

二、冲压模具装配工艺过程

模具的装配工艺过程，大致可分为装配前的准备、组件装配、总装配、检验和调试四个阶段。

1. 装配前的准备工作

模具装配前，应做好如下准备工作：

（1）熟悉装配工艺规程　冲压模具的装配工艺规程是规定模具或部件装配工艺过程和操作方法的工艺文件，也是指导模具或部件装配工作的技术文件，还是制定装配生产计划、进行技术准备的依据。因此，模具钳工在进行装配前必须熟悉装配工艺规程，以掌握装配模具的全过程。

（2）读懂总装配图　总装配图是模具进行装配的主要依据。一般来说，模具的结构在很大程度上决定了模具装配程序和方法。分析总装配图、部件装配图以及零件图，可以深入了解模具结构特点和工作性能，了解模具中各零件的作用和它们相互间的位置要求、配合关系及连接方式，从而确定合理的装配基准，结合工艺规程定出装配方法及装配顺序。

（3）清理检查零件　根据总装配图上的明细表，清点和清洗零件，并仔细检查主要工作零件如凸、凹模的尺寸和几何误差，检查各部位配合间隙、加工余量及有无变形和裂纹等缺陷。

（4）掌握模具验收技术条件　模具验收技术条件是模具质量标准及验收依据，也是装配的工艺依据。模具厂的验收技术条件主要是与客户签订的技术协议书、产品的技术要求及国家颁发的质量标准。所以，模具钳工在装配前必须充分了解这些技术条件，才能在装配时引起注意，装配出符合验收条件的优质模具。

（5）布置装配场地　模具装配场地是保证文明生产的必要条件，所以必须干净整洁，不允许有任何杂物。同时要将必要的工、夹、量具及所需的装配设备准备好，并擦拭干净。

（6）备好标准件及所需材料　在装配前，必须按总装配图（或装配规程）的要求，准备好装配所需的螺钉、销钉、弹簧，以及辅助材料，如橡胶、低熔点合金、环氧树脂、无机黏结剂等。

2. 组件装配

组件装配是指模具在总装配之前，将两个或两个以上的零件按照装配规程及规定的技术要求连接成一个组件的局部装配工作，如凸、凹模与其固定板的组装，卸料零件的组装等。这类零件的组装，一定要按照技术要求进行，这对整副模具的装配精度将起到一定的保证作用。

3. 总装配

冲压模具的总装配，是将零件及组件连接而成为模具整体的全过程。冲压模具在总装配前，应选择好装配的基准件，同时安排好上、下模的安装顺序，然后进行装配，并保证装配精度，满足规定的各项技术要求。

4. 检验和调试

模具装配完成后，要按照模具验收技术条件检验各部分功能，并通过试冲及试生产对其进行调试，直到生产出合格的制件来，模具才能交付使用。

1）模具的检验主要是检验模具的外观质量、装配精度、配合精度和运动精度。

2）模具装配后的试模、修正和调整统称为调试。其目的是试验模具各零、部件之间的配合、连接情况和工作状态，并及时进行修配和调整。

三、冲压模具装配的方法

模具生产属于单件小批量生产，在装配时，模具零件的加工误差累积会影响装配精度。因此，传统的模具装配工艺基本上采用修配和调整的方法进行。近年来，由于模具加工技术的飞速发展，采用了先进的数控技术及计算机加工系统，因而对模具零件可以进行高精度的加工，而且模具的检测系统日益完善，使装配工序变得越来越简捷。装配时，只要将加工好的零件直接连接起来，不必调试或进行少量调试就能满足装配要求。根据模具装配零件能够达到的互换程度，可分为完全互换法（直接装配法）和不完全互换法（配作装配法）。

（1）完全互换法　指装配时，各配合零件不经选择、修理和调整便可装入部件中，并能达到装配精度的方法。

（2）不完全互换法　指装配时，各配合零件的制造公差将有部分不能达到完全互换装配的要求。

不完全互换法适用于成批量模具装配的应用。表5-1列举了不完全互换法装配的几种方式。

表5-1　不完全互换法的几种装配方式

名称	装配方法	装配原理	应用范围
分组装配法	将模具各配合零件按实际测量尺寸进行分组，在装配时按组进行互换装配，使其达到装配精度的方法	将零件的制造公差扩大数倍，以经济精度进行加工，然后将加工出来的零件按扩大前的公差大小和扩大倍数进行分组，并以不同的颜色区分，以便按组进行装配。此法扩大了组成零件的制造公差，使零件的制造容易实现，但增加了对零件的测量分组工作量	适用于要求装配精度高、装配尺寸链较短的成批或大量模具的装配

（续）

名称	装配方法	装配原理	应用范围
修配装配法	将指定零件的预留修配量修去，达到装配精度要求的方法，分为指定零件修配法与合并加工修配法两种	指定零件修配法：是在装配尺寸链的组成环中，指定一个容易修配的零件作为修配件（修配环），并预留一定的加工余量，装配时对该零件根据实测尺寸进行修磨，使封闭环达到规定精度的方法	这是模具装配中应用最为广泛的方法，适用于单件或小批量生产的模具装配
		合并加工修配法：是将两个或两个以上的配合零件装配后，再进行机械加工，使其达到装配精度（几个零件进行装配后，其尺寸可以作为装配尺寸链中的一个组成环对待，从而使尺寸链的组成环数减少，公差扩大，容易保证装配精度的要求）	
调整装配法	用改变模具中可调整零件的相对位置或选用合适的调整零件进行装配，以达到装配精度的方法，分为可动调整法与固定调整法	可动调整法：在装配时用改变调整件的位置来达到装配精度的方法	此法不用拆卸零件，操作方便，应用广泛
		固定调整法：在装配过程中选用合适的调整件，达到装配精度的方法，经常使用的调整件有垫圈、垫片、轴套等	

提示：装配方法不同，零件的加工精度、装配的技术要求和生产效率就不同。在选择装配方法时，应从产品的装配技术要求出发，根据生产类型和实际生产条件合理地进行选择。

不同装配方法应用状况的比较见表5-2。

表5-2 装配方法比较

装配方法		工艺措施	被装件精度	互换性	技术要求	组织形式	生产效率	生产类型	对环数的要求	装配精度
完全互换装配法		按极值法确定零件公差	较高或一般	完全互换	低	—	高	各种类型	少	较高
									多	低
不完全互换装配法	概率法	按概率论原理确定公差	较低	多数互换	低	—	高	大批大量	较多	较高
	分组装配法	零件测量分组	按经济精度	组内互换	较高	复杂	较高	大批大量	少	高
	修配装配法	指定零件修配单个零件	按经济精度	无	高	—	低	单件成批	—	高
		合并加工								
	调整装配法	可动 修配一个零件位置	按经济精度	无	高	—	较低	各种条件	—	高
		固定 增加一个定尺寸零件				较复杂	较高	大批大量	—	

从表 5-2 可以看出，完全互换装配法适用于设备齐全的大、中型工厂及专业模具生产厂。对于一些不具备高精设备的小型工厂，仍需采用不完全互换法进行装配。

四、冲压模具装配的顺序

模具的装配，最主要的是保证凸、凹模和型芯、型腔的间隙均匀。因此，装配前必须合理地考虑上、下模装配顺序，否则在装配后会出现间隙不易调整的问题，给装配带来困难。

一般情况下，在进行模具装配前，应先选择装配基准件。基准件原则上按照模具主要零件加工时的依赖关系来确定。一般在装配时可作为基准件的有导板、固定板、凸模、凹模、型芯、型腔等。

按照基准件来组装其他零件的原则是：

1）以导板（卸料板）作为基准进行装配时，应通过导板的导向将凸模装配固定板，再装入上模板，然后再装下模的凹模及下模板。

2）对于连续模（级进模），为了便于准确调整步距，在装配时应先将拼块凹模装入下模板，然后再以凹模为定位反装凸模，并将凸模通过凹模定位装入凸模固定板中。

3）合理控制凸、凹模间隙。合理控制凸、凹模间隙并使间隙在各方向上均匀，这是模具装配的关键。在装配时，如何控制凸、凹模的间隙，要根据冲模的结构特点、间隙值的大小及装配条件和操作者的技术水平，结合实际经验而定。

4）进行试冲及调整。模具装配后，一般要进行试冲。在试冲时若发现问题，则要进行必要的调整，直到冲出合格的零件为止。

一般情况下，当模具零件装入上、下模时，应先安装基准件。通过基准件再依次安装其他零件。安装完毕经检查无误后，可以先钻、铰销钉孔；拧入螺钉，但不要拧紧，待试模合格后，再将其拧紧，以便于试模时调整。

模具的主要零部件组装后，可以进行总装配。为了使凸、凹模间隙装配均匀，必须选择好上、下模的装配顺序。其选择方法如下：

（1）无导向装配的冲模 对于上、下模之间无导柱、导套作为导向的冲模，其装配比较简单。由于这类冲模使用时是安装到压力机上以后再进行调整的，因此，上、下模的装配顺序没有严格要求，一般可分别进行装配。

（2）有导向装配的冲模 对于有导向装配的冲模，其装配方法和顺序可按下述进行：

1）装下模。先将凹模放在下模板上，找正位置后再将下模板按凹模孔划线，加工出漏料孔，然后将凹模用螺钉及销钉紧固在下模板上。

2）装配后的凸模与凸模固定板组合，放在下模上，并用垫块垫起，将凸模导入凹模孔内，找正间隙并使其均匀。

3）将上模板、垫板与凸模固定板组合用夹钳夹紧后取下，钻上模紧固螺钉孔并用螺钉轻轻拧一下，但不要拧紧。

4）上模装配后，再将其导套轻轻地套入下模的导柱内，查看凸模是否能自如地进入凹模孔，并进行间隙调整，使之均匀。

5）间隙调整合适后，将螺钉拧紧。取下上模后再钻销钉孔，打入销钉及安装其他辅助零件。

（3）有导柱的复合模 对于有导柱的复合模，一般可先安装上模，然后借助上模中的冲孔凸模及落料凹模孔，找出下模的凸、凹模位置，并按冲孔凹模孔位置在下模板上加工出漏料孔（或在零件上单独加工漏料孔），这样可以保证上模中卸料装置能与模柄中心对正，避免漏料孔错位。

（4）有导柱的连续模　对于有导柱的连续模，为了便于准确调整步距，一般先装配下模，再以下模凹模孔为基准件将凸模通过刮料板导向，装上模。

提示：各类冲模的装配顺序并不是一成不变的，应根据冲模结构、操作者的经验、习惯而采用不同的顺序进行调整。

五、冲压模具工作零件的装配

1. 凸模、凹模固定形式

1）轴台式凸、凹模是依靠其柱面和台阶压紧在凸、凹模固定板中，再用螺钉和定位销固定在模座上，如图 5-2a 所示。

2）形状复杂的等截面凸模，多采用挂销形式固定，如图 5-2b 所示。

3）采用粘结剂、低熔点合金将凸模固定在凸模固定板上，如图 5-2c 所示。这种方法可以简化模具的加工和装配。

4）采用过盈配合，将凹模压入模座内固定，如图 5-2d 所示。

5）较大的凸模和凹模，可分别采用与模柄、模座直接连接的方法，如图 5-2e 所示。

6）对于经常更换的凸模、凹模，可采用滚珠定位、顶丝压紧的方法，如图 5-2f 所示。用这种方法固定时，可迅速更换凸、凹模。

7）凸模用铆接方法与固定板连接，这种方法目前已很少采用。

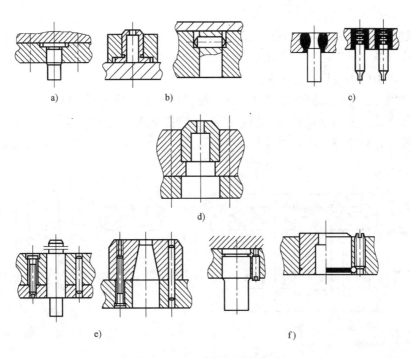

a)　　　　　　b)　　　　　　c)

d)

e)　　　　　　　　f)

图 5-2　凸、凹模固定的形式

2. 凸模、凹模固定方法

凸、凹模的固定方法主要有机械固定法、物理固定法和化学固定法。

（1）机械固定法

1）螺钉紧固法。冲模零件可以用螺钉、斜压块等紧固件进行固定。这种方法连接可靠，工艺简便。图5-3所示为用螺钉将凸模和固定板连接在一起的方法。如果凸模的材料为硬质合金时，凸模上的螺孔可以用电火花加工的方法制出。

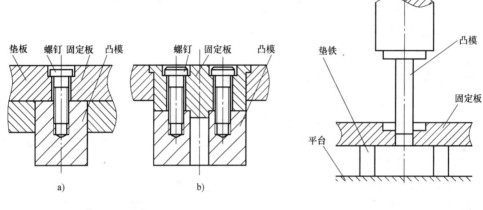

图 5-3　用螺钉固定凸模　　　　　　图 5-4　压入法装配示意图

2）压入法。压入法是冲模零件常用的连接方法。它靠过盈配合来达到固定零件的目的。压入法装配的缺点是：拆换零件困难，对零件配合表面的尺寸精度和表面质量要求高，特别是形状复杂的型孔或对孔中心距要求严格的多型孔的装配。这种方法常用于凸模与固定板的连接。图5-4所示为压入法装配示意图。

3）挤紧法。这种方法是先将凸模装入固定板中（要求配合紧密），然后用锤子和特形捻子环绕凸模外圈对固定板进行局部敲击，使固定板的局部材料挤向凸模而紧固。紧固后应保证凸模与固定板的垂直度符合要求。

用挤紧法固定凸模时，可先挤紧最大的凸模，这样当挤紧其他凸模时不受影响，稳定性好。然后再装离该凸模最远的凸模。以后的各凸模挤紧次序就可随意决定了，用挤紧法固定，其可靠性差，只能用于承受冲压力较小的模具。图5-5所示为挤紧法固定凸模。

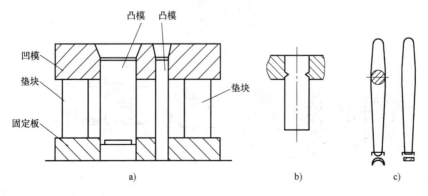

图 5-5　挤紧法固定凸模

4）焊接法。焊接法一般只用于硬质合金凸模和凹模的固定连接，但由于硬质合金与钢的热膨胀系数相差很大，焊接时容易产生内应力而引起开裂，所以只有在用其他固定法比较困难时才用。

（2）物理固定法

1）热膨胀法。热膨胀法又叫热套法，常用于固定合金工具钢凸、凹模镶块及硬质合金模。方法是将钢质套圈加热到 $300 \sim 400℃$，保温 1h，然后套在未经加热的合金工具钢凹模镶块上，待套圈冷却后即将镶块紧固。

2）低熔点合金固定法。该方法是利用低熔点合金冷却凝固时体积膨胀的特性来紧固零件的，这一方法可以固定凸模、凹模和导套等模具零件。图 5-6 所示为用低熔点合金固定的凸模和凹模。采用低熔点合金固定凸模，不仅工艺简单、操作方便，而且具有较高的连接强度，可用于厚度在 2mm 以下钢板的冲裁，可实现多孔冲模凸、凹模间隙的调整；当个别凸模损坏需要更换时，可将低熔点合金熔化，取出凸模，更换后重新浇注；另外，熔化了的低熔点合金可重复使用。

（3）化学固定法　化学固定法按黏结剂的不同有环氧树脂黏结法、无机黏结法和厌氧胶黏结法等几种。在这里只介绍环氧树脂黏结法和无机黏结法。

1）环氧树脂黏结法。采用环氧树脂作为黏结剂来固定模具零件具有强度高、工艺简便、黏结效果好、零件不发生变形等优点，并且能提高冲模的装配精度和便于模具的修理。但环氧树脂黏结不耐高温（使用温度应低于 $100℃$），有脆性，硬度低，在小面积上不能承受过高的压力；并且有的固化剂毒性大，当操作不严格时会降低黏结固定的质量。

2）无机黏结固定法。无机黏结固定法是由氢氧化铝、磷酸溶液和氧化铜粉末定量混合，经化学反应生成胶凝物而起黏结作用的一种固定方法。它适用于凸模与固定板的黏结，导柱、导套与模座的黏结以及硬质合金模块与钢料的黏结等。

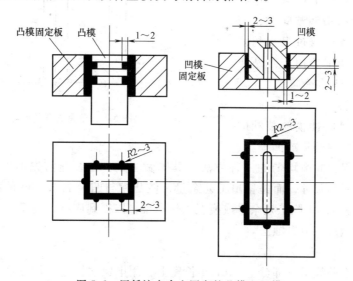

图 5-6　用低熔点合金固定的凸模和凹模

六、冲压模具工作零件间隙的调整

控制模具工作零件间隙均匀的方法很多，需根据模具的结构特点、间隙值的大小和装配条件来确定。

1. 垫片法

在凸模与凹模间隙间垫入厚薄均匀、厚度等于单边间隙值的金属片或纸片来达到控制凸、凹模间隙均匀的一种方法，称垫片法。它适合于冲裁材料较厚，且为大间隙的冲裁模，也是适用于控制弯曲模和拉深模等成形模具间隙的一种工艺方法。

装配时，一般先将凹模固定在模座上，在凹模刃口四周适当位置上放置垫片，如图5-7所示。然后合模观察各凸模是否顺利地进入凹模与垫片接触，用敲打凸模固定板的方法来调整间隙，使凸模与凹模对中。

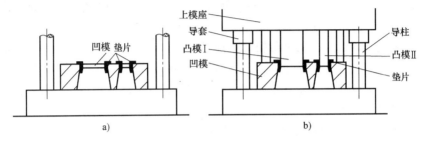

图 5-7　垫片法调整间隙

2. 光隙法（透光法）

光隙法是利用上、下合模后，从凸模与凹模间隙中透过光缝的大小来判断模具间隙均匀程度的一种方法，如图5-8所示。此法对小型模具简便易行，可凭肉眼来判断光缝的大小，也可以借助模具间隙测量仪器来检测。

装配时，一般先将模具倒置，用灯光照射，然后从下模座的排料孔中观察光缝状态来调整间隙，使之均匀。由于光线能透过很小的缝隙，因此光隙法特别适用于判断小间隙冲裁模的间隙均匀程度。

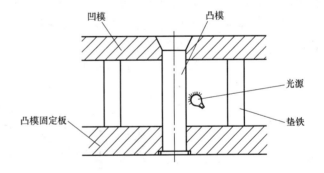

图 5-8　光隙法调整间隙

3. 工艺留量法

工艺留量法是将冲模的装配间隙值以工艺余量留在凸模或凹模上，通过工艺余量来保证间隙均匀的一种方法。具体做法是：在装配前先不将凸模（或凹模）刃口尺寸做到所需的尺寸，而是留出工艺余量，使凸模与凹模成 H7/h6 的配合。待装配后取下凸模（或凹模），去除工艺余量或换上工作凸模，以得到应有的间隙。去除工艺余量的方法，可采用机械加工或腐蚀法。

4. 镀铜法

这种方法是在凸模刃口部分 8~10mm 长度上，用电镀法镀上一层厚度等于单边间隙值的铜层来保证间隙均匀。装配时，将凸模插入凹模内即可。镀层在冲裁模使用过程中会自行脱落，装配后可不必去除。

5. 涂层法

涂层法是指在凸模上涂一层薄膜材料，涂层厚度等于凸、凹模单边间隙值。涂层一般采用绝缘漆。不同的间隙可选用不同黏度的漆或涂不同的次数来达到。这种方法较简便，适用于装配小间隙的冲裁模。凸模上的漆膜，在冲裁过程中会自行脱落，装配后可不必去除。

6. 切纸法

无论采用哪种方法来控制凸、凹模间隙，装配后都须用一定厚度的纸片来试冲。根据所切纸片的切口状态来检验装配间隙的均匀程度，从而确定是否需要以及往哪个方向进行调整。如果切口一致，则说明间隙均匀；如果纸片局部未被切断或毛刺较大，则该处间隙较大，需做进一步的调整。试冲所用纸片厚度应根据模具冲裁间隙的大小而定，间隙越小，则试冲所用的纸片厚度也就越薄。

7. 工艺定位器法

如图 5-9 所示，利用工艺定位器控制凸、凹模的间隙可以保证上、下模同轴。图 5-9 中定位器的尺寸 d_1 与凸模、d_2 与凹模、d_3 与凸凹模孔成间隙配合。由于定位器的 d_1、d_2、d_3 要求在一次装夹中车削而成，能保证三个圆柱及孔的同轴度，因此采用工艺定位器控制间隙比较可靠，且对模具装配比较方便。这种方法适用于大间隙的冲模，如冲裁模、拉深模等；对复合模尤为适用，待凸模和凸模固定板用定位销固定后拆去定位器即可。

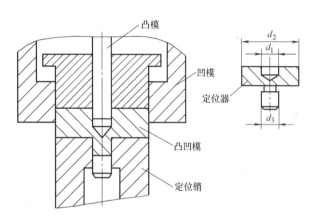

图 5-9　用定位器控制间隙

任务实施

七、固定夹冲孔落料级进模装配

1. 装配工艺过程分析

图 5-1 所示为固定夹冲孔落料级进模，该模具为冲裁、弯曲、落料级进模，冲裁材料为 10 钢，厚度为 1mm。其结构特点为：模具由导料板对材料进行导向，用导正销定位；采用中间式导柱导套导向，将凹模固定在下模座上，以凹模为基准装配其他的零件。根据模具的装配图分析，该模具装配的顺序是先装下模，再装上模。模具装配的重点是控制各工位的间隙。

2. 装配工艺过程

（1）装配前的准备　模具钳工接到任务后，必须先仔细阅读图样，了解所冲零件形状、精度要求以及模具的结构特点、动作原理和技术要求，选择合理的装配方法和装配顺序。并且要对照图样检查零件的质量，同时准备好必要的标准零件，如螺钉、销钉及装配用的辅助工具等。

（2）装配基准件及下模

1）将凹模（件 3）放在下模座（件 1）上，并按中心线找正，然后用平行夹板夹紧，通过螺钉孔在下模座（件 1）上钻出锥窝。拆去凹模（件 3），在下模座（件 1）上按锥窝钻螺纹底孔并攻螺纹。再重新将凹模（件 3）置于下模座（件 1）上找正，用螺钉（件 4）

紧固。钻铰销孔，打入圆柱销（件5）定位。

2）将上道工序中的凹模（件3）拆下来。在凹模（件3）上装入左右侧面导料板（件6），保证侧面导板与凹模型孔之间的搭边和两侧面导板之间的距离，然后用平行夹板夹紧，通过凹模（件3）上的螺钉孔和销孔向两侧面导板上钻出锥窝，拆去凹模（件3），在两侧面导板上按锥窝钻螺纹孔和钻铰销孔。

3）将凹模（件3）、左右侧面导料板（件6）和下模座（件1）按装配图用圆柱销（件5）定位，螺钉（件4）紧固。

（3）模具上模装配

1）将冲孔凸模（件8）和落料凸模（件20）压入固定板（件10），并磨平头部。

2）将模柄（件13）压入上模座（件16）并钻铰止转销孔，压入止转销。

3）配钻卸料螺钉孔。将卸料板（件7）套在已装入固定板的凸模（件20）上，利用固定板（件10）上的卸料螺钉孔向卸料板（件7）上钻锥窝，拆开后，在卸料板（件7）上加工螺纹孔。

4）将已装入固定板的3个凸模插入凹模（件3）的型孔中，在凹模（件3）与固定板（件10）之间垫入两块等高的垫板，将垫板（件17）放入固定板（件10）与上模座（件16）之间，再以导柱（件2）、导套（件9）定位装上模座（件16），用平行夹板将上模座（件16）与固定板（件10）夹紧取下上模部分。通过固定板（件10）上的孔向上模座（件16）钻锥窝（钻头钻透了垫板），拆开后按锥窝钻紧固螺钉孔和卸料螺钉孔，然后将上模座垫板（件17）和固定板（件10）用紧固螺钉稍微紧固（不需要很紧）。

（4）调整凸、凹模间的间隙　将上模部分通过导套（件9）装入下模的导柱（件2）上，用锤子轻轻地敲击固定板的侧面，使凸模插入凹模型孔。再将模具翻转180°，将灯光射到上下模中间，从下模座（件1）上的漏料孔观察凹凸模的配合间隙，并用锤子敲击使周边间隙均匀，这种调整方法称为透光法。经调整后，将模具又翻转回来，用纸代替冲压材料，用锤子敲击模柄（件13），进行试冲。如果冲出的纸样轮廓整齐，没有毛刺或者毛刺均匀即可；若毛刺不均匀，再重复上面的工作，直到间隙均匀。

（5）装配卸料零件及其他零件

1）调好间隙后，将凸模固定板紧固螺钉（件11）拧紧，钻铰定位孔，并装入圆柱销（件12），将卸料板（件7）套在凸模（件20）上，装入橡胶块（件19）和卸料螺钉（件18），并保证凸模下端面缩在卸料板（件7）孔内约0.5~1mm。

2）将挡料销装在凹模上，将导正销装在落料凸模上。

3）装配好后在压力机上试冲，检验合格后入库。

任务评价

任务评分表见表5-3。

表5-3　固定夹冲孔落料级进模装配评分表

序号	项目与技术要求	配分	评定方法	实测记录	得分
1	凸模与固定板的装配	10	测量		
2	模柄的装配	8	测量		

（续）

序号	项目与技术要求	配分	评定方法	实测记录	得分
3	凸模与凹模的装配	12	测试		
4	导柱、导套及模架的装配	12	测试		
5	总装	30	总体评定		
6	准备工作充分	6	每缺一项扣1分		
7	装配过程安排合理	6	安排不合理每处扣1分		
8	装配质量符合技术要求	10	发现一项不符合要求扣2分		
9	安全文明生产	6	违者每次扣2分		

复习与思考

1. 模具装配的基本原则是什么？
2. 模具装配的方法有哪些？
3. 怎样合理选择装配顺序？
4. 模具工作零件间隙调整的基本方法有哪些？
5. 模具工作零件的固定方法有哪些？

任务2　塑料模具装配

任务描述

　　按要求完成图5-10所示某模具厂塑料电子板注射模具的装配。

知识目标

　　1. 掌握塑料模具装配工艺编制的步骤。

　　2. 掌握塑料模具钳工装配步骤。

　　3. 掌握塑料模具装配的安全操作规程。

能力目标

　　1. 能够正确识图。

　　2. 能够独立查阅机械零件装配工艺编制手册。

　　3. 能与同伴合作正确制定装配工艺。

　　4. 能够正确选择使用各种机械设备。

　　5. 能够正确使用各种钳工工具。

　　6. 与小组成员相互监督，能够做到"7S"管理规范要求。

　　7. 能够逐步按照工厂要求做到按时、保质、保量交货。

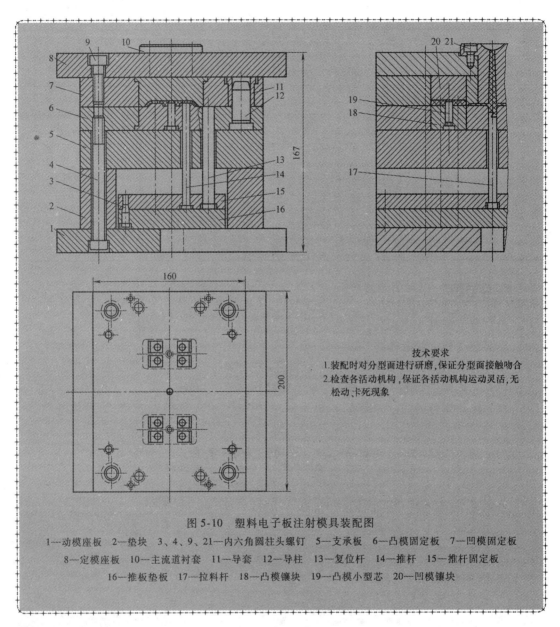

图 5-10　塑料电子板注射模具装配图

1—动模座板　2—垫块　3、4、9、21—内六角圆柱头螺钉　5—支承板　6—凸模固定板　7—凹模固定板　8—定模座板　10—主流道衬套　11—导套　12—导柱　13—复位杆　14—推杆　15—推杆固定板　16—推板垫板　17—拉料杆　18—凸模镶块　19—凸模小型芯　20—凹模镶块

技术要求
1. 装配时对分型面进行研磨，保证分型面接触吻合
2. 检查各活动机构，保证各活动机构运动灵活，无松动、卡死现象

 相关知识

一、塑料模成型零件（型芯、型腔）的装配

1. 塑料模成型零件装配技术要求

成型零件的装配主要是指型芯及型腔凹模的装配，它包括型芯与固定板的装配，型腔凹模与动、定模板的装配以及过盈配合件的装配。对这类零件的装配，一般应按照以下装配要求进行：

1）在装配前须对各成型零件进行检查，要求其形状、尺寸精度均符合图样标准及有关技术条件的规定。

186

2）型腔分型面处、浇口及进料口处应保持锐边，一般不准修成圆角。

3）互相接触的承压零件，如互相接触的型芯、凸模与挤压环、柱塞与加料室之间，在装配时应有适当的间隙或合理的承压面积，以防模具在使用时由于直接挤压而造成零件的损坏。

4）动、定模座安装面对分型面平行度误差在300mm范围内不大于0.05mm。

5）活动型芯、顶出及导向部位运动时，起止位置要准确，滑动要平稳，动作要可靠、灵活、协调，不得有卡紧或歪斜现象。

6）装配后，相互配合的成型零件相对位置精度应达到图样要求。镶拼式的型腔或型芯的拼接面应配合严密、牢靠，表面光洁，无明显接缝。各镶嵌紧固零件要紧固可靠，不得松动。各紧固螺钉、销钉要拧紧。

7）成型零件装配后，应在生产条件下与其他部件一起进行最后的总装和试模，试制的零件要符合图样要求。

2. 塑料模成型零件装配工艺特点

成型零件装配的特点主要是：零件的加工与装配是同步进行的，并且各组成零件装配的次序没有严格的要求。

3. 塑料模成型零件装配工艺方法

成型零件装配的主要方法有压入法、旋入法及镶入法等。

（1）压入装配法 图5-11所示为型腔凹模及型芯的结构，其固定板型孔是通孔，其装配方法可采用直接将型腔凹模及型芯压入模板型孔中，在压入时，最好是在液压机或专用的压力机上进行。

（2）镶嵌装配法 图5-12所示的结构是在一块模板上镶入两个或两个以上的型腔凹模（或型芯），并且动模与定模之间要求有较精确的相对位置。这种方法的装配，可先选择装配基准，然后按工艺要求进行装配。其装配过程如下：

1）用工艺销钉穿入定模镶块和推块的孔中做定位。

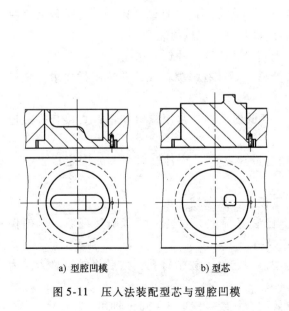

a) 型腔凹模　　　b) 型芯

图5-11　压入法装配型芯与型腔凹模

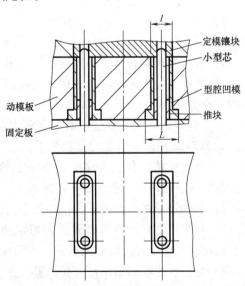

图5-12　镶嵌装配法

2）将型腔凹模套在推块上，按型腔凹模外形的实际尺寸 l 和 L 修正动模固定孔。

3）将型腔凹模压入动模板，并磨平两端面。

4）放入推块，以推块孔配钻小型芯固定孔。

5）将小型芯装入定模镶块孔中，并保证其位置精度。

（3）拼块镶入装配法　如图5-13所示，其型腔采用拼块的结构形式，其装配过程如下：

1）拼块在装配前，所有拼合面应仔细磨平，并用红丹粉对研，检查其密合程度，要求各拼块在拼合后应紧密无缝，以防模具使用时渗料。

2）模板上的型腔固定孔，一般要留有修正余量，按拼块拼合后的尺寸进行修正，使型腔拼块的镶入有足够的过盈量，否则成形时将被高压熔料挤开而形成毛边，造成脱件困难。

3）拼块压入模板固定孔时，压入的拼块应用平行夹头夹紧，防止压入最初阶段拼块尾部拼合处产生离缝而留有间隙，并在拼块上端加垫平垫块，使各拼块同步进入模孔，压入过程中应保持平稳压入。

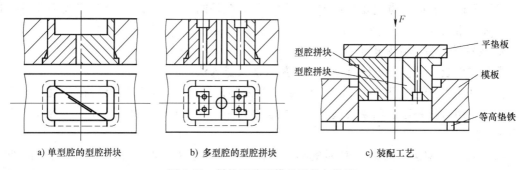

a) 单型腔的型腔拼块　　b) 多型腔的型腔拼块　　c) 装配工艺

图 5-13　拼块型腔凹模的形状与装配

（4）沉坑内镶入装配法　图5-14所示的型腔凹模为拼块结构。其装配工艺如下：

1）装配时，固定模板的沉孔一般采用立铣加工。

2）将拼块压入。当沉坑较深时，沉坑的侧面会稍带斜度，且修整困难。可采取修磨拼块和型芯尾部的办法，并按模板铣出的实际斜度进行修磨，以便装配。

3）根据拼块螺孔位置，用划线法在模板上划出孔位置，并钻、锪孔。

4）将螺钉拧入紧固，要求拼块之间配合严密，不准有缝隙存在，并按图样要求保证拼块的正确位置。

（5）螺钉固定式装配法　对于面积大且高度低的型芯，常用螺钉和销钉直接与模板连接，如图5-15所示。其装配过程如下：

1）将定位销钉套压入淬硬的型芯上的销钉套座孔内。然后根据型芯的固定板上的位置，将定位块用平行夹头固定于固定板上。

2）用红丹粉将型芯的螺孔位置复印到固定板上，然后钻、锪孔。

3）初步用螺钉将型芯紧固。若固定板上已装好导柱、导套，则需调整型芯，以确保定、动模的正确位置。调整准确后，拧紧固定螺钉。

4）在固定板反面划出销钉孔位置，并与型芯一起钻、铰销钉孔，然后将销钉打入。为了便于打入销钉，可将销钉端部修整为锥度。

5）为便于拆卸型芯，销钉与销钉套的有效配合长度一般取 3～5mm 即可。

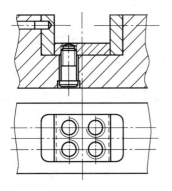

图 5-14 沉坑内拼块型腔的镶入

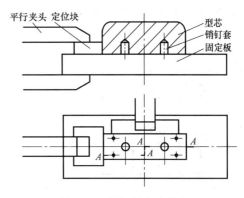

图 5-15 螺钉固定式装配

（6）旋入装配法 图 5-16 所示为热固性塑料压模中常用的旋入装配型芯的方法，它是通过配合螺纹联接型芯和固定板的。装配时将型芯拧紧，然后用骑缝螺钉定位。

图 5-16c 所示为螺母固定旋入装配型芯的方法。其装配方式为型芯联接段采用 H7/k6 或 H7/m6 配合与固定板型孔定位，两者的联接采用螺母紧固。对于某些有方向性要求的型芯，装配时只要按要求将型芯调整到正确位置后，用骑缝螺钉定位即可。骑缝螺钉主要是用来定位，并可防止型芯转动，一般是在型芯热处理之前进行加工的。采用这种装配方法，适合于固定外形为任何形状的型芯及多个型芯的同时固定。

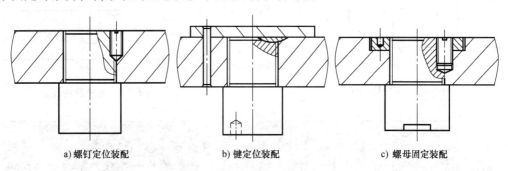

a) 螺钉定位装配　　　　　b) 键定位装配　　　　　c) 螺母固定装配

图 5-16 旋入装配法安装型芯

二、塑料模导套、导柱的装配

1. 导套的压入

导套在压入前需要进行测量，应严格控制导套与导套安装孔的过盈量，以防导套压入后孔径缩小。图 5-17 所示为导套压入装配示意图，导套压入时，应随时注意控制其垂直度以防偏斜，或采用如图 5-18 所示，用导向芯轴引导导套压入。导向芯轴与模板孔为间隙配合，芯轴直径与导套孔径间应留有 $0.02 \sim 0.03$ mm 的间隙。

2. 导柱的压入

导柱的压入应根据导柱长短采取不同的方法。

（1）压入短导柱 如图 5-19 所示，将动模板面朝下放在两等高垫块上，然后把导柱与导套的配合部分先插入导柱安装孔内，在压力机上进行预压配合。之后检查导柱与模板的垂直度，符合要求后再继续往下压，直到导柱压入部位全部压入为止。

（2）压入长导柱 如图 5-20 所示，为保证导柱对模板的垂直度要求，压入时要借助定模板上的导套作为引导来压入导柱。

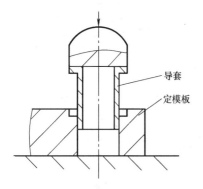

图 5-17　导套压入装配示意图

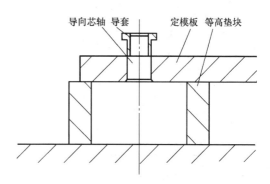

图 5-18　利用导向芯轴压入导套

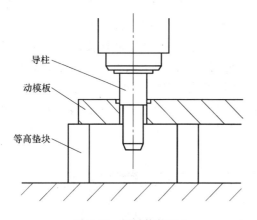

图 5-19　短导柱的压入

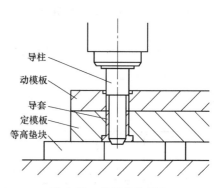
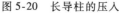

图 5-20　长导柱的压入

　　提示：为使导柱、导套压入动、定模板后，开模和合模时导柱与导套间滑动灵活，导柱压入时，应选压入距离最远的两个导柱，然后合上已装入导套的定模板，检查一下开模和合模时是否灵活。如有卡住现象，则应分析原因，并将导柱退出重新压入。在两导柱装配合格后再压入第三、第四个导柱。每装入一个导柱均应重复上述检查。

三、塑料模推出机构的装配

塑料模具的制件推出机构，一般由推板、推杆固定板、推杆、导柱和复位杆等零件组成，如图 5-21 所示。

1. 推出机构装配技术要求

1）推出机构装配后各推出零件动作协调一致，平稳，无卡阻现象。

2）推杆的导向段与型腔推杆孔的配合间隙，既要确保推杆动作的灵活，又要防止间隙太大而渗料，一般采用 H8/f8 的配合。要求推杆要有足够的强度和刚度，在固定板孔内每边应有 0.5mm 的间隙。

3）推杆和复位杆端面应分别与型腔表面和分型面平齐，并且推杆和复位杆在完成制品

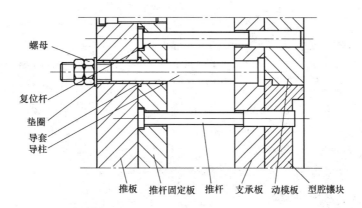

图 5-21　推杆的装配

推出后，能在合模时自动地退回原始位置。

2. 推出机构装配工艺过程

（1）推杆固定板的配作与装配　为了保证制件的顺利脱模，各个推出元件应运动灵活、复位可靠，推杆固定板与推板需要导向装置和复位支承。其结构形式有：用导柱导向的结构（图 5-22）、用复位杆导向的结构（图 5-23）和用模脚作为推杆固定板支承的结构（图5-24）。其中用导柱做导向结构的推杆推出装置是比较常用的一种。其推杆固定板孔的位置是采用通过型腔镶块上的推杆配钻得到的。配钻过程为：

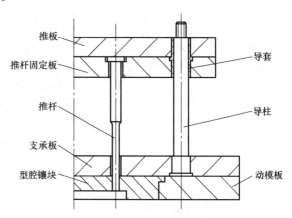

图 5-22　用导柱作导向结构的推出机构

1）先将型腔镶块上的推杆配钻到支承板上（图 5-25a），配钻时用动模板和支承板上原有螺钉与销钉定位与紧固。

2）再通过支承板上的孔配钻到推杆固定板上（图 5-25b）。两者之间可利用已装配好的导柱、导套定位，用平行夹头夹紧。

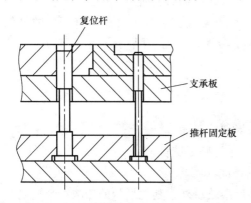

图 5-23　利用复位杆导向的推出机构

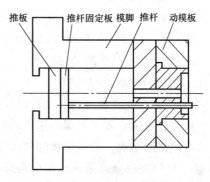

图 5-24　用模脚作为推杆固定板的支承

提示：①在配钻的过程中，还可以配钻固定板上的其他孔，如复位杆和拉料杆的固定孔等；②利用复位杆作为导向和利用模脚作为推杆固定板支承的结构中，推杆固定板孔的配钻与上述相同，只是在从支承板向推杆固定板配钻固定孔时，以复位杆作为定位；③利用模脚作为推杆固定板支承的结构中，模脚的侧面作为推板的导轨，起导向作用。因此，装配模脚时，不可先钻攻、钻铰模脚上的螺孔和销孔，而必须在推杆固定板装好后，通过支承板的孔对模脚配加工螺孔。然后用螺钉初步固定模脚，待推杆固定板做滑动试验并把模脚调整到理想位置后，才能加以紧固，最后对动模板、支承板和模脚一起钻、铰销钉孔。

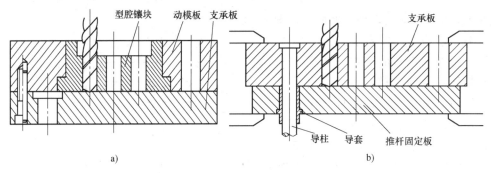

图 5-25 推杆固定板孔的配钻

（2）推杆的装配与修整（图 5-21）

1）先将导柱垂直压入支承板，并将端面与支承板一起磨平。

2）将推杆孔入口处和推杆顶端倒小圆角或斜度，修整推杆尾部台肩厚度，使台肩厚度比推杆固定板沉孔的深度小 0.05mm 左右。

3）将装有导套的推杆固定板套装在导柱上，并将推杆、复位杆穿入推杆固定板、支承板和型腔镶块的配合孔中，盖上推板用螺钉拧紧，并调整使其运动灵活。

4）修磨推杆和复位杆的长度。如果推板和垫圈接触时，复位杆、推杆低于型面，则修磨导柱的台肩。如果推杆、复位杆高于型面时，则修磨推板的底面。

5）一般将推杆和复位杆在加工时加长一些，装配后将多余部分磨去。修磨后的复位杆应与分型面平齐，但可低 0.02 ~ 0.05mm，推杆端面应与型面平齐，但可高出 0.05 ~ 0.10mm，推杆、复位杆顶端可以倒角。

四、塑料模卸料板的装配

1. 卸料板型孔镶块的装配

为提高卸料板使用寿命，型孔部分往往镶入淬硬的型孔镶块。

1）以过盈配合方式将镶块压入卸料板，大多用于圆形镶块。

2）非圆形镶块，将镶块和卸料板用铆钉或螺钉联接。

除了可以在热处理后进行精磨内外孔的圆环形镶块以外，其他形状的镶块在装配之前必须先修正型孔（与型芯的配合间隙），包括修正热处理后的变形量。

镶块内孔表面应有较小的表面粗糙度值。与型芯间隙配合工作部分高度仅需保持 5 ~ 10mm，其余部分应制成 1° ~ 3° 的斜度。由线切割或电火花加工的型孔，其斜度部分可直接在加工过程中得到，但如果间隙配合工作部分表面粗糙度值不够小时，应加以研磨。

采用铆钉连接方式的卸料板装配，是将镶块装入卸料板型孔，再套到型芯上，然后从镶块上已钻的铆钉孔中对卸料板复钻。铆合后铆钉头的型面上不应留有痕迹，以防止使用时粘塑料。

采用螺钉固定镶块时，调整镶块孔与型芯之间的间隙比较方便，只需将镶块装入卸料板，套上型芯并调整后用螺钉紧固即可。

> **提示：镶块外形和卸料板之间的间隙不能修得过大，否则也将产生粘料。**

2. 埋入式卸料板的加工与修整

（1）卸料板与固定板沉坑的加工与修整　埋入式卸料板是将卸料板埋入固定的沉坑（图 5-26），卸料板四周为斜面，与固定板沉坑的斜面接触高度保持有 3 ~ 5mm 即可，若全部接触而配合过于紧密，反而使卸料板推出时困难。卸料板的底面应与沉坑底面保证接触，而卸料板的上平面应高出固定板 0.03 ~ 0.06mm。

卸料板为圆形时，卸料板四周与固定板沉坑斜度均可由车床加工。卸料板为矩形时，四周斜度可由铣床或磨床加工，而固定板沉坑的斜度大多用锥度立铣刀加工。由于加工精度受到限制，因此，往往将卸料板外形加一定余量，在装配时予以修整，以配合沉坑。

（2）卸料板的型孔加工

1）对于小型模具，在卸料板外形与端面依据固定板沉坑修配完成后，根据卸料板的实际位置尺寸对卸料板进行型孔的划线与加工。固定板上的型芯固定孔则通过卸料板的型孔压印加工。因此，除了狭槽、复杂形状的型孔以外，固定板上的孔最好与卸料板型孔尺寸及形状一致，以便采用压印方法。

2）大型模具常采用将卸料板与固定板一同加工的办法。首先将修配好的卸料板用螺钉紧固于固定板沉坑内，然后以固定板外形为基准，直接镗出各孔。孔为非圆形时，则先镗出基准孔，然后在立式铣床上加工成型。

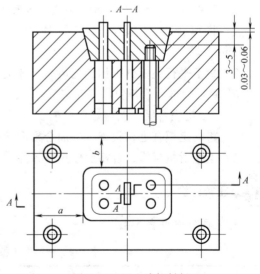

图 5-26　埋入式卸料板

 **任务实施**

五、塑料电子板注射模具装配

1. 装配工艺分析

图 5-10 所示为塑料电子板注射模具装配图。凸模固定板 6 和凹模固定板 7 形成模具的分型面。根据装配图分析可知，该模具装配的关键是凸模、凹模的固定及分型面的装配。在装配时，重点需要解决如下问题：

1) 分型面的吻合性。

2) 凸模与凹模的同轴度。

3) 推出机构与凸模间隙的控制。

4) 凸模小型芯与凸模镶块同轴度的控制。

2. 装配工艺过程

（1）装配动模部分

1) 将凸模镶块 18、凸模小型芯 19 和导柱 12 压入凸模固定板 6，将底面磨平。

2) 将上道工序的凸模固定板组件（件 6、件 12、件 18、件 19）分别与支承板 5、垫块 2、动模座板 1 和推杆固定板 15，用平行板夹紧，配钻加工相关孔，拆去平行板后，将件 5、件 2、件 1、件 15 上对应的孔按要求加工出来。

3) 将推杆固定板 15 和推板垫板 16 对齐，用平行夹板夹紧配加工 4 个螺钉孔，拆下平行夹板，在件 15 上攻螺纹，按图样要求在件 16 上铣螺钉沉孔。

4) 总装。①将复位杆、推杆、拉料杆装入推杆固定板 15，然后将推杆固定板 15 和推板垫板用螺钉固定；②将上述组件穿过支承板 5，装入凸模固定板组件；③用螺钉将动模座板 1、垫块 2、支承板 5、凸模固定板 6 联接起来，完成动模部分装配。

（2）装配定模部分

1) 将凹模镶块 20 压入凹模固定板 7 中，量出工作部分高度差值，并修磨平凹模固定板 7，使之与凹模镶块底面高度一致。

2) 将凹模镶块 20、导套 11 压入凹模固定板 7，将组件上部磨平。

3) 将主流道衬套 10 压入定模座板 8 和凹模固定板 7 中，用螺钉固定。

4) 将以上组件装入动模导柱内，并将上、下模对齐，用平行夹板夹紧，钻 $\phi 8.5\text{mm}$ 孔。

5) 拆下平行夹板分别加工定模座板 8 上的螺钉沉孔和凹模固定板 7 上的螺纹孔。

6) 将定模部分用螺钉联接起来。

（3）动定模合模，调整好后试模

1) 将动定模合上，检查分型面合模间隙，并进行处理。

2) 上注射机试模，合格后使用或入库。

任务评价

任务评分表见表 5-4。

表 5-4　塑料电子板注射模具装配评分表

序号	项目与技术要求	配分	评定方法	实测记录	得分
1	型芯与型芯固定板的装配	10	测量		
2	型腔与型腔固定板的装配	10	测量		
3	凸模小型芯与凸模镶块的装配	10	测量		
4	导柱、导套的装配	8	用红丹粉涂饰		
5	浇口套的装配	7	需略高出模板 0.02mm		
6	推出机构的装配	5	测量		
7	总装	20	总体评定		

（续）

序号	项目与技术要求	配分	评定方法	实测记录	得分
8	准备工作充分	5	每缺一项扣1分		
9	装配过程安排合理	10	安排不合理每一处扣1分		
10	装配质量符合技术要求	10	发现一项不符合要求扣2分		
11	安全文明生产	5	违者每次扣2分		

复习与思考

1. 成型零件装配技术要求有哪些？
2. 简述成型零件装配工艺过程。
3. 简述导柱、导套的装配工艺过程。
4. 推出机构装配的技术要求有哪些？
5. 简述推出机构的装配工艺过程。
6. 简述卸料板的装配工艺过程。

参 考 文 献

[1]　杜文宁. 模具钳工工艺与技能训练［M］. 北京：中国劳动社会保障出版社，2004.

[2]　蒋增福，等. 钳工工艺与技能训练［M］. 北京：中国劳动社会保障出版社，2003.

[3]　王兴民. 钳工工艺学［M］.（96 新版），北京：中国劳动出版社，1997.

[4]　丁友生. 模具制造技术［M］. 北京：人民邮电出版社，2010.

[5]　张信群，等. 模具制造技术［M］. 北京：人民邮电出版社，2009.

[6]　高永伟. 钳工工艺与技能训练［M］. 北京：人民邮电出版社，2009.

[7]　谢增明. 钳工技能训练［M］. 4 版. 北京：中国劳动社会保障出版社，2005.

[8]　刘汉蓉，等. 钳工生产实习［M］. 北京：中国劳动出版社，1991.

[9]　熊建武. 模具零件的手工制作与检测［M］. 北京：北京理工大学出版社，2012.

[10]　苏伟. 模具钳工技能实训［M］. 北京：人民邮电出版社，2008.

[11]　王增强. 普通机械加工技能实训［M］. 北京：机械工业出版社，2010.

[12]　陈海魁. 机械制造工艺基础［M］. 北京：中国劳动社会保障出版社，2007.

[13]　庞建跃. 机械制造技术［M］. 北京：机械工业出版社，2008.

[14]　李奇，朱江峰. 模具设计与制造［M］. 北京：人民邮电出版社，2012.